高等院校应用型本科"十三五"规划教材·数学类

微积分习题集
CALCULUS EXERCISE SET

主　编　王　威
副主编　刘　磊　李　娟　周巧娟　冯建霞　梁　霞

华中科技大学出版社
http://www.hustp.com
中国·武汉

图书在版编目(CIP)数据

微积分习题集/王威主编．—武汉：华中科技大学出版社，2019.1(2023.8重印)
ISBN 978-7-5680-4956-6

Ⅰ．①微…　Ⅱ．①王…　Ⅲ．①微积分-高等学校-习题集　Ⅳ．①O172-44

中国版本图书馆 CIP 数据核字(2019)第 005811 号

微积分习题集　　　　　　　　　　　　　　　　　　　　　　　　　　　王　威　主编
Weijifen Xitiji

策划编辑：聂亚文
责任编辑：史永霞
封面设计：抱　子
责任监印：朱　玢

出版发行：华中科技大学出版社(中国·武汉)　　电话：(027)81321913
　　　　　武汉市东湖新技术开发区华工科技园　　邮编：430223
录　　排：华中科技大学惠友文印中心
印　　刷：武汉市首壹印务有限公司
开　　本：787mm×1092mm　1/16
印　　张：7.75
字　　数：204千字
版　　次：2023年8月第1版第7次印刷
定　　价：30.00元

本书若有印装质量问题，请向出版社营销中心调换
全国免费服务热线：400-6679-118　　竭诚为您服务
版权所有　侵权必究

前　　言

"微积分"课程是本科大部分专业的基础课。新生由学习初等数学转变为学习高等数学,各方面都不习惯,同时没有弄清楚大学的学习规律,就会感觉学起来困难,重修率较高。

为了更好地帮助学生学习"微积分"课程,编写组经过多年的实际教学,总结教学经验,同时阅读了大量教材,编写了此习题册。本书编写的目的就是从基础开始训练,循序渐进,巩固基本概念,了解基本数学思想,收获一定的数学解题技巧,从而更好地完成"微积分"课程的学习和提升。

本书从专业角度出发,按照理论性、科学性、全面性、可读性的质量要求,对实际教学内容进行有针对性的编写,旨在帮助初学者走出误区,扫除盲点,快速融入大学学习生活之中,提高初学者的基本数学素养,培养初学者解决问题的能力。

鉴于编写组水平有限,对于书中的疏漏和错误之处,恳请读者指正。

编写组
2018 年 10 月

目　　录

第一章　函数 ……………………………………………………………………………… (1)

　　第一节　集合 ……………………………………………………………………………… (1)

　　第二节　实数集 …………………………………………………………………………… (2)

　　第三节　函数关系 ………………………………………………………………………… (3)

　　第四节　分段函数 ………………………………………………………………………… (4)

　　第五节　建立函数关系 …………………………………………………………………… (5)

　　第六节　函数的几种简单性质 …………………………………………………………… (6)

　　第七节　反函数与复合函数 ……………………………………………………………… (7)

　　第八节　初等函数 ………………………………………………………………………… (8)

　　第九节　函数图形的简单组合与变换 …………………………………………………… (9)

第二章　极限与连续 …………………………………………………………………… (10)

　　第一节　数列的极限 ……………………………………………………………………… (10)

　　第二节　函数的极限 ……………………………………………………………………… (12)

　　第三节　变量的极限 ……………………………………………………………………… (13)

　　第四节　无穷大量与无穷小量 …………………………………………………………… (14)

　　第五节　极限的运算法则 ………………………………………………………………… (15)

　　第六节　两个重要极限 …………………………………………………………………… (17)

　　第七节　利用等价无穷小量代换求极限 ………………………………………………… (19)

　　第八节　函数的连续性 …………………………………………………………………… (20)

　　第二章复习题 ……………………………………………………………………………… (22)

第三章 导数与微分 ·· (25)

第一节 导数的概念 ·· (25)
第二节 导数的基本公式与运算法则 ··· (27)
第三节 高阶导数 ·· (31)
第四节 微分 ·· (32)
第三章复习题 ·· (33)

第四章 中值定理与导数应用 ··· (35)

第一节 中值定理 ·· (35)
第二节 洛必达法则 ·· (38)
第三节 函数的增减性 ··· (40)
第四节 函数的极值 ·· (42)
第五节 最大值与最小值、极值的应用题 ··· (43)
第六节 曲线的凹凸性 ··· (44)
第七节 函数图形的做法 ·· (45)
第八节 变化率及相对变化率在经济中的应用 ··································· (46)
第四章复习题 ·· (49)

第五章 不定积分 ·· (51)

第一节 不定积分的概念和性质 ··· (51)
第二节 基本积分公式 ··· (52)
第三节 换元积分法 ·· (53)
第四节 分部积分法 ·· (55)
第五节 综合题 ··· (56)
第五章复习题 ·· (57)

第六章　定积分 …………………………………………………………………………………… (59)

 第一节　定积分的定义、性质 ……………………………………………………………… (59)

 第二节　微积分基本定理 …………………………………………………………………… (61)

 第三节　定积分的换元法 …………………………………………………………………… (63)

 第四节　定积分的分部积分法 ……………………………………………………………… (65)

 第五节　定积分的应用 ……………………………………………………………………… (66)

 第六章复习题 ………………………………………………………………………………… (68)

第七章　无穷级数 ………………………………………………………………………………… (71)

 第一节　无穷级数的概念、性质 …………………………………………………………… (71)

 第二节　正项级数 …………………………………………………………………………… (73)

 第三节　任意项级数、绝对收敛 …………………………………………………………… (75)

 第四节　幂级数 ……………………………………………………………………………… (77)

 第五节　泰勒公式与泰勒级数 ……………………………………………………………… (79)

 第六节　函数的幂级数展开式 ……………………………………………………………… (80)

 第七章复习题 ………………………………………………………………………………… (82)

第八章　多元函数 ………………………………………………………………………………… (85)

 第一节　空间解析几何 ……………………………………………………………………… (85)

 第二节　多元函数的概念 …………………………………………………………………… (88)

 第三节　二元函数的极限与连续 …………………………………………………………… (89)

 第四节　偏导数与全微分 …………………………………………………………………… (90)

 第五节　复合函数的微分法与隐函数的微分法 …………………………………………… (93)

 第六节　二元函数的极值 …………………………………………………………………… (96)

 第七节　二重积分 …………………………………………………………………………… (98)

 第八章复习题 ………………………………………………………………………………… (101)

第九章　微分方程 …………………………………………………………………………………（104）

　第一节　微分方程的一般概念 ………………………………………………………………（104）

　第二节　一阶微分方程 ………………………………………………………………………（106）

　第三节　几种二阶微分方程 …………………………………………………………………（109）

　第四节　二阶常系数线性微分方程 …………………………………………………………（110）

　第五节　差分方程的一般概念 ………………………………………………………………（112）

　第九章复习题 …………………………………………………………………………………（113）

第一章 函 数

第一节 集 合

1. 在把圆钢锻打成圆盘的过程中,圆钢的体积 V,直径 D,长度 L 这三个变量中,哪个是常量,哪个是变量?

2. 一个人的身高与体重是常量还是变量?

3. 试把下列区间:
$$[c,+\infty),(c,+\infty),(-\infty,c]$$
在数轴上表示出来.

4. 用集合的描述法表示下列集合:
(1) 大于 3 的所有实数集合;

(2) 小于 -2 的所有实数集合;

(3) 圆 $x^2+y^2=4$ 内部(不包括圆周)一切点的集合;

(4) 大于 0 小于 5 的所有实数的集合.

5. 设 $A=\{x\mid -1<x<5\}$;$B=\{x\mid x>3\}$,求:
(1)$A\cup B$;(2)$A\cap B$;(3)$A-B$;(4)$\overline{B}$.

第二节 实 数 集

1. 用不等式或绝对值不等式表示下列各区间：
(1)$(-2,3)$;(2)$[-2,2]$;(3)$(-5,+\infty)$.

2. 试用绝对值不等式表示 3 的 $\frac{1}{2}$ 去心邻域.

3. 将下列绝对值不等式的解用区间表示：
(1)$|x^2-3x+2|<0$;(2)$|x^2-x-2|>0$;(3)$|x+3|>4$.

4. 用区间表示下列集合：
(1)$|x-2|<2$;(2)$|x+1|>1$;(3)$|x-a|<\varepsilon$.

5. 开区间$(1,3)$是不是下列各点的邻域？
(1)1.1;(2)2;(3)2.5;(4)3.01.

第三节 函 数 关 系

1. 设 $f(x-1)=x^2+x+1$，试求：

(1) $f(x)=$ _____；

(2) $f(\dfrac{1}{x-1})=$ _____.

2. 下列函数中既是奇函数，又是单调增函数的是(　　).

A. $y=\sin^3 x$　　　B. $y=x^3+1$　　　C. $y=x^3+x$　　　D. $y=x^3-x$

3. 下列函数在 $(-\infty,+\infty)$ 内无界的是(　　).

A. $y=\dfrac{x}{1+x^2}$　　　　　　　　B. $y=\arctan x$

C. $y=\sin x+\cos x$　　　　　　D. $y=x\cos x$

4. 设 $f(x)$ 的定义域是 $[0,1]$，求下列各函数的定义域：

(1) $f(x^2)$；

(2) $f(\sin x)$；

(3) $f(x+a)$；

(4) $f(x+a)+f(x-a)(a>0)$.

5. 已知 $f(\sin\dfrac{x}{2})=1+\cos x$，求 $f(x)$.

第四节 分段函数

1. 函数 $y=\begin{cases}\sin\dfrac{1}{x}, & x\neq 0,\\ 0, & x=0\end{cases}$ 的定义域为_____,值域为_____.

2. 设 $f(x)=\begin{cases}3^x, & x\geq 1,\\ \arcsin x, & -1<x<1,\\ 1+x, & x\leq -1,\end{cases}$ 求 $f(-3),f(\dfrac{1}{2}),f(2)$.

3. 设 $f(x)=\begin{cases}1, & |x|<1,\\ 0, & |x|=1,\\ -1, & |x|>1,\end{cases}$ $g(x)=10^x$,求 $f[g(x)]$,并作出函数的图形.

4. 某运输公司规定货物的吨公里运价为:在 a 公里以内,每公里 k 元;超过 a 公里,超过部分每公里为 $\dfrac{4}{5}k$ 元,求运价 m 与里程 x 间的函数关系.

5. 已知 $f(x)=\begin{cases}x+2, & 0\leq x\leq 2,\\ x^2, & 2<x<4,\end{cases}$ 求 $f(x-1)$.

第五节　建立函数关系

1. 将函数 $y=1-|3x+1|$ 用分段函数的形式表示.

2. 设一圆柱体的体积为 10,试将它的底面积 s 用高 h 表示出来.

3. 某城市为了节约用水,制定了如下收费方法:每户居民每月的用水量不超过 4.5 吨,按 0.64 元/吨收费,超过部分按 5 倍价格收费.试建立每月用水费用与用水量之间的函数关系.

4. 设某商品供给量 Q 对价格 P 的函数关系为:
$$Q(P)=3+4^P$$
试将总收益 R 分别用 Q 和 P 表示出来.

5. 设一矩形的周长为 L,试将其面积 S 表示为宽 x 的函数.

第六节　函数的几种简单性质

1. 确定下列函数的单调区间：

   (1) $y = x^2$；

   (2) $y = x^3$.

2. 试证 $f(x) = \dfrac{e^{-x} + e^x}{2}$ 是偶函数，$f(x) = \dfrac{e^{-x} - e^x}{2}$ 是奇函数.

3. 讨论函数 $y = x^2$ 的有界性.

4. 函数 $f(x) = c$(常数)，$-\infty < x < +\infty$ 是不是周期函数？

5. 单调函数是否一定无界？为什么？

第七节　反函数与复合函数

1. 在下列各题中,求由所给函数构成的复合函数,并求该函数分别对应于给定自变量值 x_1 和 x_2 的函数的值:

   (1) $y=\sqrt{u}, u=8+x^2, x_1=1, x_2=-1$;

   (2) $y=6^u, u=\sin v, v=2x, x_1=0, x_2=\dfrac{\pi}{4}$.

2. 函数 $y=(2^x+1)^{\frac{2}{3}}$ 是由哪些函数复合而成的?

3. 求由 $y=\cos u, u=\sqrt{v}, v=x^2+1$ 复合而成的函数,并求函数的定义域.

4. 当 a 满足什么条件的时候,函数 $y=\ln(a-\sin x)$ 是复合函数?

5. 设 $f(x)=\dfrac{|x|}{x}, g(x)=\begin{cases}1, x<10,\\5, x>10,\end{cases}$ 证明:$g(x)=2f(x-10)+3$.

第八节 初等函数

1. 求下列函数的定义域：

   (1) $y = \cos\sqrt{x^2-1}$；

   (2) $y = \tan\dfrac{1}{x} + \sqrt{2-x}$.

2. 设 $f(x) = \ln x$，求当 x 从 x_0 变到 $x_0 + \Delta x$ 时，Δy 及 $\dfrac{\Delta y}{\Delta x}$ 的值.

3. 设 $f(x) = x^2 + 9, g(x) = 4 + \sqrt{x}$，试证 $f[g(4)] = 5g[f(4)]$.

第九节 函数图形的简单组合与变换

1. 画出函数 $y = \begin{cases} 2-x, & x \leqslant 1, \\ x, & x > 1 \end{cases}$ 的图形.

2. 设 $f(x) = \begin{cases} 1, & |x| < 1, \\ 0, & |x| = 1, \\ -1, & |x| > 1, \end{cases}$ $g(x) = 2^x$,求 $f[g(x)]$ 与 $g[f(x)]$,并作出函数图形.

第二章 极限与连续

第一节 数列的极限

1. 填空题.

(1) $\lim\limits_{n\to\infty}\dfrac{1}{6^n}=$ _____ . (2) $\lim\limits_{n\to\infty}\dfrac{\sqrt{n+1}}{\sqrt{n}}=$ _____ .

(3) $\lim\limits_{n\to\infty}(\sqrt{n+1}-\sqrt{n})=$ _____ .

(4) $\lim\limits_{n\to\infty}\left[\dfrac{1}{1\cdot 2}+\dfrac{1}{2\cdot 3}+\cdots+\dfrac{1}{n(n+1)}\right]=$ _____ .

2. 选择题.

(1) $x_n=\begin{cases}\dfrac{1}{n}, & n\text{ 为奇数},\\ 10^{-10}, & n\text{ 为偶数},\end{cases}$ 则下列选项中正确的有( ).

A. $\lim\limits_{n\to\infty}x_n=0$ B. $\lim\limits_{n\to\infty}x_n=10^{-10}$

C. $\lim\limits_{n\to\infty}x_n=\begin{cases}0, & n\text{ 为奇数}\\ 10^{-10}, & n\text{ 为偶数}\end{cases}$ D. $\lim\limits_{n\to\infty}x_n$ 不存在

(2) 已知下列四个数列:

① $x_n=\dfrac{1}{n^2}$; ② $x_n=6$; ③ $x_n=n-\dfrac{1}{n}$; ④ $x_n=\dfrac{2n+1}{2n-1}$.

则其中收敛的数列有( ).

A. ①③   B. ①②④   C. ①②③   D. ①④

(3) 已知下列四个数列:

① $1,-1,1,-1,\cdots,(-1)^{n-1},\cdots$; ② $\dfrac{1}{2},\dfrac{3}{2},\dfrac{1}{3},\dfrac{4}{3},\cdots,\dfrac{1}{n+1},\dfrac{n+2}{n+1},\cdots$; ③ $1,2,3,\cdots,n,\cdots$; ④ $0,\dfrac{1}{2},0,\dfrac{1}{2^2},0,\dfrac{1}{2^3},\cdots,0,\dfrac{1}{2^n},\cdots$.

则其中发散的数列有( ).

A. ①③④   B. ①②③   C. ①②   D. ①④

(4) 数列 $\{x_n\}$ 有界是 $\lim\limits_{n\to\infty}x_n$ 存在的( ).

A. 必要条件   B. 充分条件   C. 充要条件   D. 无关条件

3. 观察下列数列的变化趋势,指出哪些数列是收敛的,哪些数列是发散的,对于收敛数列,求出其极限.

(1) $x_n=\dfrac{(-1)^n}{n}$;   (2) $x_n=\dfrac{n+1}{n^2}$;

(3) $x_n = 1-(-1)^n$;   (4) $x_n = 1 - \dfrac{1}{n \cdot \sqrt{n}}$;

(5) $x_n = \dfrac{6^n + (-1)^n}{7^n}$;   (6) $x_n = \dfrac{3n-1}{2n+1}$.

4. 设 $x_1 = 0.3, x_2 = 0.33, x_3 = 0.333, \cdots, x_n = 0.\underbrace{333\cdots3}_{n\text{个}}, \cdots$.

(1) 试用 10 的负方幂表示 x_n;

(2) 求 $\lim\limits_{n\to\infty} x_n$ 的值.

5. 证明:数列 $x_n = (-1)^n \dfrac{n+1}{n}$ 是发散的.

第二节　函数的极限

1. 填空题.

(1) $\lim\limits_{x \to \infty} \dfrac{1}{1+x^2} = $ _____.

(2) $\lim\limits_{x \to 3}(2x-1) = $ _____.

(3) 设 $f(x) = \begin{cases} e^x, & x \leqslant 0, \\ ax+b, & x > 0, \end{cases}$ 则 $f(0^+) = $ _____，$f(0^-) = $ _____，当 $b = $ _____ 时，$\lim\limits_{x \to 0} f(x) = 1$.

(4) $\lim\limits_{x \to +\infty}(\sqrt{x^2+x} - x) = $ _____.

(5) 设 $\lim\limits_{x \to \infty} \dfrac{(x-1)(x-2)(x-3)(x-4)(x-5)}{(3x-2)^\alpha} = \beta$，则 $\alpha = $ _____，$\beta = $ _____.

2. 选择题.

(1) 设 $f(x) = \begin{cases} |x|+3, & x \neq 0, \\ 5, & x = 0, \end{cases}$ 则 $\lim\limits_{x \to 0} f(x)$ 的值为（　　）.

A. 0　　　　B. 3　　　　C. 5　　　　D. 不存在

(2) 函数 $f(x)$ 在 $x = x_0$ 处有定义是极限 $\lim\limits_{x \to x_0} f(x)$ 存在的（　　）.

A. 必要条件

B. 充分条件

C. 充要条件

D. 既不是充分条件也不是必要条件

(3) $\lim\limits_{x \to x_0^-} f(x) = \lim\limits_{x \to x_0^+} f(x)$ 是极限 $\lim\limits_{x \to x_0} f(x)$ 存在的（　　）.

A. 必要条件

B. 充分条件

C. 充要条件

D. 既不是充分条件也不是必要条件

(4) 下列函数当 $x \to \infty$ 时，极限存在的是（　　）.

A. $y = \sin x$　　　　　　B. $y = e^x$

C. $y = \dfrac{x+3}{x^2-9}$　　　　D. $y = \arctan x$

3. 设函数 $f(x) = \begin{cases} x, & x < 2, \\ 3, & x = 2, \\ x^2, & x > 2. \end{cases}$ 试画出 $f(x)$ 的图形，并求单侧极限 $\lim\limits_{x \to 2^-} f(x)$ 和 $\lim\limits_{x \to 2^+} f(x)$.

第三节　变量的极限

1. 用定义证明数列 $a_n = 1 + \dfrac{1}{3^n}(n=1,2,\cdots)$ 的极限为 1.

2. 用定义证明 $\lim\limits_{x \to 1}(2x-1)=1$.

3. 用定义证明 $\lim\limits_{x \to \infty}\dfrac{\sin x}{x}=0$.

第四节 无穷大量与无穷小量

1. 填空题.

(1) 设 $y=\dfrac{1}{x-1}$,当 $x\to$ _____ 时,y 是无穷小量.

(2) 在下列空白处填入"高阶""低阶""同阶"或"等价":

① 当 $x\to 0$ 时,$x^3+\sin x$ 与 x 是 _____ 无穷小;

② 当 $x\to 0$ 时,$2x^3-x^2$ 是比 x^2-3x _____ 的无穷小;

③ 当 $x\to 0$ 时,$1-\cos x$ 与 x^2 是 _____ 无穷小;

④ 当 $x\to 0$ 时,$\sqrt[3]{1+x}-1$ 与 x 是 _____ 无穷小;

⑤ 当 $x\to 2$ 时,$x-2$ 是比 $(x-2)^2$ _____ 的无穷小.

2. 选择题.

(1) 下面关于无穷小、无穷大的命题正确的有( ).

A. 无穷小的和、差、积仍是无穷小

B. 无穷小的商仍是无穷小

C. 无穷大量一定无界

D. 无界变量一定是无穷大

(2) 若 $\lim\limits_{x\to x_0}f(x)=\infty$,$\lim\limits_{x\to x_0}g(x)=\infty$,则下列极限正确的有( ).

A. $\lim\limits_{x\to x_0}[f(x)+g(x)]=\infty$ B. $\lim\limits_{x\to x_0}[f(x)-g(x)]=0$

C. $\lim\limits_{x\to x_0}\dfrac{1}{f(x)+g(x)}=0$ D. $\lim\limits_{x\to x_0}kf(x)=\infty\;(k\neq 0)$

(3) 下列极限中错误的是( ).

A. $\lim\limits_{x\to 0^-}e^{\frac{1}{x}}=0$ B. $\lim\limits_{x\to 0^+}e^{\frac{1}{x}}=0$

C. $\lim\limits_{x\to 0}x\sin\dfrac{1}{x}=0$ D. $\lim\limits_{x\to\infty}\dfrac{x-\sin x}{x+\sin x}=1$

3. 求下列极限:

(1) $\lim\limits_{x\to\infty}\dfrac{\cos x}{1+x^2}$;

(2) $\lim\limits_{x\to 0}x\cos\dfrac{1}{x}$.

第五节　极限的运算法则

1. 计算下列极限：

(1) $\lim\limits_{x \to -1} \dfrac{\sqrt{x^2+x}-x}{x^2+1}$;

(2) $\lim\limits_{x \to 1} \dfrac{x^2-1}{2x^2-x-1}$;

(5) $\lim\limits_{x \to 2}\left(\dfrac{x}{x-2}-\dfrac{8}{x^2-4}\right)$;

(6) $\lim\limits_{k \to 0} \dfrac{(x+k)^2-x^2}{k}$;

(3) $\lim\limits_{x \to \infty} \dfrac{3x^2+1}{2x^2-x-1}$;

(4) $\lim\limits_{x \to \infty} \dfrac{x^2-1}{2x^3-x-1}$;

(7) $\lim\limits_{x \to +\infty}\left(3x-\sqrt{9x^2+2x+1}\right)$;

(8) $\lim\limits_{n \to \infty}\left(\dfrac{1}{n^2}+\dfrac{2}{n^2}+\cdots+\dfrac{n}{n^2}\right)$;

(9) $\lim\limits_{n\to\infty}\dfrac{3^{n+1}-2^n}{2^{n+1}+3^n}$;

(10) $\lim\limits_{x\to\infty}\dfrac{(x-3)^{30}(2x+1)^{60}}{(x+6)^{90}}$;

2. 已知 $\lim\limits_{x\to 1}\dfrac{x^2+ax+b}{1-x}=1$,求常数 a 与 b 的值.

(11) $\lim\limits_{x\to 4}\dfrac{\sqrt{2x+1}-3}{\sqrt{x-2}-\sqrt{2}}$;

(12) $\lim\limits_{x\to 1}\dfrac{\sqrt[3]{x}-1}{\sqrt{x}-1}$.

第六节 两个重要极限

1. 选择题.

(1) 下列极限中错误的有(　　).

A. $\lim\limits_{x\to 0}\dfrac{x}{\sin x}=1$ B. $\lim\limits_{x\to a}\dfrac{\sin(x-a)}{x-a}=1$

C. $\lim\limits_{x\to\infty}x\sin\dfrac{1}{x}=1$ D. $\lim\limits_{x\to\infty}\dfrac{\sin x}{x}=1$

(2) 下列极限中正确的是(　　).

A. $\lim\limits_{x\to\infty}(1+x)^{\frac{1}{x}}=e$ B. $\lim\limits_{x\to 0}(1+x)^{\frac{2}{x}}=e^2$

C. $\lim\limits_{x\to\infty}\left(1+\dfrac{1}{x}\right)^{x+2}=e^2$ D. $\lim\limits_{x\to 0}(1+x)^{\frac{1}{x}+2}=e^2$

(3) 设函数 $f(x)=\begin{cases}\dfrac{\sin\omega x}{x}, & x>0, \\ x^2+5, & x\leqslant 0,\end{cases}$ 且极限 $\lim\limits_{x\to 0}f(x)$ 存在,则 ω 的值为(　　).

A. 0　　B. 1　　C. 3　　D. 5

2. 计算下列极限:

(1) $\lim\limits_{x\to 0}\dfrac{\sin 6x}{5x}$;

(2) $\lim\limits_{x\to 0}\dfrac{x-\sin x}{x+\sin x}$;

(3) $\lim\limits_{x\to 0}x\cot 2x$;

(4) $\lim\limits_{k\to+\infty}3^k\sin\dfrac{x}{3^k}(x\neq 0)$;

(5) $\lim\limits_{x\to 0}\dfrac{\sin 4x}{\sqrt{x+1}-1}$;

(6) $\lim\limits_{x\to 0}(1-3x)^{\frac{1}{x}}$;

(7) $\lim\limits_{x\to\infty}(1-\dfrac{2}{x})^{-x}$;

(8) $\lim\limits_{x\to\infty}\left(\dfrac{x-1}{x+1}\right)^{x}$;

3. 已知 $\lim\limits_{x\to 0}(\dfrac{\sin ax}{x}-b)=4$, $\lim\limits_{x\to 0}(1+bx)^{\frac{1}{x}}=e^3$, 求常数 a 与 b 的值.

(9) $\lim\limits_{x\to 3}\left(\dfrac{x}{3}\right)^{\frac{1}{x-3}}$;

(10) $\lim\limits_{x\to\infty}(1-\dfrac{1}{x})^{x+1}$.

4. 利用极限存在准则,证明:
$$\lim_{n\to\infty}n(\dfrac{1}{n^2+\pi}+\dfrac{1}{n^2+2\pi}+\cdots+\dfrac{1}{n^2+n\pi})=1$$

第七节 利用等价无穷小量代换求极限

1. 当 $x \to 0$ 时,证明: $\tan x - \sin x \sim \dfrac{x^3}{2}$.

2. 计算下列极限:

(1) $\lim\limits_{x \to 0} \dfrac{\sin 5x}{\arctan 3x}$;

(2) $\lim\limits_{x \to 0} \dfrac{\tan x + 5x}{\sin x + 2x}$;

(3) $\lim\limits_{x \to \infty} \dfrac{\sin 3x + 2x}{\sin 2x - 3x}$;

(4) $\lim\limits_{x \to 0} \left(x \sin \dfrac{1}{x} + \dfrac{1}{x} \sin x \right)$;

(5) $\lim\limits_{x \to 0^-} \left(e^{\frac{1}{x}} \sin \dfrac{1}{x^2} + \dfrac{\arcsin x}{x} \right)$;

(6) $\lim\limits_{x \to 0} \dfrac{\tan x - \sin x}{(\arctan x)^2}$;

(7) $\lim\limits_{x \to 3} \dfrac{x^2 - 1}{(x-3)^3}$;

(8) $\lim\limits_{x \to \infty} (3x^2 - 2x + 1)$;

(9) $\lim\limits_{x \to 0} \dfrac{\ln(1 + 9x - 5x^2)}{\sin 2x}$;

(10) $\lim\limits_{x \to 0} \dfrac{e^{5x} - 1}{\sqrt[3]{1+x} - 1}$.

第八节 函数的连续性

1. 填空题.

(1) $x=0$ 是函数 $y=\dfrac{\tan x}{|x|}$ 的第_____类_____型间断点.

(2) $x=0$ 是函数 $y=\arctan\dfrac{1}{x}$ 的第_____类_____型间断点.

(3) 设函数 $f(x)=\dfrac{1}{x}\ln(1-2x)$,若定义 $f(0)=$_____,则 $f(x)$ 在 $x=0$ 处连续.

(4) 设 $f(x)=\dfrac{x^2-1}{x^2-3x+2}$,则 $\lim\limits_{x\to 0}f(x)=$_____,$\lim\limits_{x\to 1}f(x)=$_____.

2. 选择题.

(1) $f(x_0^+)=f(x_0^-)$ 是函数 $y=f(x)$ 在 $x=x_0$ 处连续的( ).

A. 充分条件   B. 必要条件   C. 充要条件   D. 无关条件

(2) 函数 $f(x)=\begin{cases} x^3, & x>1, \\ 1-x, & x\leqslant 1 \end{cases}$ 在点 $x=1$ 处的连续性是( ).

A. 左连续,右不连续   B. 右连续,左不连续
C. 连续   D. 左右都不连续

(3) 点 $x=0$ 是函数 $y=x\sin\dfrac{1}{x}$ 的( ).

A. 振荡间断点   B. 跳跃间断点
C. 可去间断点   D. 无穷间断点

3. 讨论函数 $f(x)=\begin{cases} e^{\frac{1}{x}}, & x<0, \\ 0, & 0\leqslant x\leqslant 1, \\ \dfrac{\ln x}{x-1}, & x>1 \end{cases}$ 在 $x=0,x=1$ 处的连续性.

4. 讨论下列函数的间断点,并指出其类型.如果是可去间断点,则补充或改变函数的定义,使其连续.

(1) $f(x)=\begin{cases} e^{\frac{1}{x-1}}, & x>0, \\ \ln(1+x), & -1<x\leqslant 0; \end{cases}$
(2) $f(x)=\dfrac{2^{\frac{1}{x}}-1}{2^{\frac{1}{x}}+1}$.

5.求下列极限：

(1) $\lim\limits_{x \to 0} \ln \dfrac{\arcsin x}{x}$;

(2) $\lim\limits_{x \to 0}\left[e^{\frac{\sin x}{x}} + \dfrac{\ln(1+x^2+x)}{x} \right]$;

(3) $\lim\limits_{x \to 2} \sqrt{\dfrac{x^3-8}{x^2-4}}$;

(4) $\lim\limits_{x \to \infty} \sin e^{\frac{1}{x}}$;

(5) $\lim\limits_{x \to 0} (1-3\tan^2 x)^{x \cdot \cot^2 x}$;

(6) $\lim\limits_{x \to 0} \dfrac{\log_a(1+2x)}{\sin x}$.

6.证明题.

(1)证明方程 $x \cdot e^{2x} = 1$ 至少有一个小于 1 的正根.

(2)证明方程 $x^4 - 2x - 4 = 0$ 在区间 $(-2, 2)$ 内至少有两个实根.

第二章复习题

1. 填空题.

(1) $f(x)=\begin{cases}1, & |x|\leqslant 1, \\ 0, & |x|>1,\end{cases}$ 则 $f[f(x)]=$ _____.

(2) 设 $f(x)=\ln x$, $g(x)$ 的反函数 $g^{-1}(x)=\dfrac{2(x+1)}{x-1}$, 则 $f[g(x)]=$ _____.

(3) $\lim\limits_{n\to\infty}\sqrt{n}(\sqrt{n+1}-\sqrt{n-2})=$ _____.

(4) 若 $\lim\limits_{x\to\infty}\left(1+\dfrac{5}{x}\right)^{-kx}=e^{-10}$, 则 $k=$ _____.

(5) 函数 $f(x)=\dfrac{x^2-x}{|x|(x^2-1)}$ 的间断点有 _____, 其中可去间断点是 _____, 跳跃间断点是 _____.

2. 选择题.

(1) 设 $f(x)=\begin{cases}\dfrac{1}{x}\sin x, & x<0, \\ 0, & x=0, \\ x\sin\dfrac{1}{x}+a, & x>0,\end{cases}$ 且 $\lim\limits_{x\to 0}f(x)$ 存在, 则 $a=$ ( ).

A. -1 B. 0 C. 1 D. 2

(2) 若 $\lim\limits_{x\to 0}\dfrac{f(2x)}{x}=2$, 则 $\lim\limits_{x\to 0}\dfrac{x}{f(3x)}=$ ( ).

A. 3 B. $\dfrac{1}{3}$ C. 2 D. $\dfrac{1}{2}$

(3) 当 $x\to 0^+$ 时, $f(x)=\sqrt{1+x^a}-1$ 是比 x 高阶的无穷小, 则 ( ).

A. $a>1$ B. $a>0$ C. a 为任意实数   D. $a<1$

(4) 设 $f(x)=\begin{cases}\dfrac{2\arctan\dfrac{1}{x}}{\pi}, & x<0, \\ 1, & x=0, \\ \dfrac{3^{\frac{1}{x}}-1}{2+3^{\frac{1}{x}}}, & x>0,\end{cases}$ 则其间断点 $x=0$ 的类型为 ( ).

A. 可去间断点   B. 无穷间断点
C. 振荡间断点   D. 跳跃间断点

(5) 下列关于曲线 $y=x\sin\dfrac{1}{x}$ 的渐近线的说法正确的是 ( ).

A. 有且仅有水平渐近线
B. 有且仅有铅直渐近线
C. 既有水平渐近线也有铅直渐近线
D. 既无水平渐近线也无铅直渐近线

3. 解答题.

(1) 已知 $f(x)$ 为偶函数, $g(x)$ 为奇函数, 且 $f(x)+g(x)=\dfrac{1}{x-1}$, 求 $f(x)$ 及 $g(x)$.

(2) 求下列极限：

① $\lim\limits_{x\to 0}\dfrac{x^2\sin\dfrac{1}{2x}}{\sin 3x}$;

② $\lim\limits_{x\to 1}\dfrac{\arcsin(x-1)}{x^2+x-2}$;

⑦ $\lim\limits_{n\to\infty}\dfrac{1-e^{-nx}}{1+e^{-nx}}$;

⑧ $\lim\limits_{x\to a}\dfrac{\sin x-\sin a}{x-a}$.

③ $\lim\limits_{x\to 0}\dfrac{\sqrt{1+x}-\sqrt{1-x}}{\tan x}$;

④ $\lim\limits_{x\to 0}(\cos x)^{\cot^2 x}$;

(3) 设 $f(x)=a^x\ (a>0, a\neq 1)$，求 $\lim\limits_{n\to\infty}\dfrac{1}{n^2}\ln[f(1)\cdot f(2)\cdots f(n)]$.

⑤ $\lim\limits_{x\to 0}\dfrac{\sqrt{1+\tan x}-\sqrt{1+\sin x}}{x(1-\cos x)}$;

⑥ $\lim\limits_{x\to 0}\dfrac{\ln\cos 2x}{\ln\cos 3x}$;

(4) 已知 $1^2+2^2+\cdots+n^2=\dfrac{n(n+1)(2n+1)}{6}$，证明：

$$\lim\limits_{n\to\infty}\left(\dfrac{1^2}{n^3+1}+\dfrac{2^2}{n^3+2}+\cdots+\dfrac{n^2}{n^3+n}\right)=\dfrac{1}{3}$$

(5) 已知 $f(x)=\begin{cases}\dfrac{\sin 2x+e^{2ax}-1}{x}, & x\neq 0,\\ a, & x=0\end{cases}$ 在 $(-\infty,+\infty)$ 上连续，求 a 的值.

(6) 设 $y=f(x)=x\lim\limits_{n\to\infty}\dfrac{1-x^{2n}}{1+x^{2n}}$，求 $y=f(x)$ 的表达式并讨论其连续性，若有间断点，判别其类型.

4. 证明：方程 $x^3-9x=1$ 恰好有三个实根.

第三章　导数与微分

第一节　导数的概念

1. 填空题.

(1) 已知 $f'(2)=1$, 则 $\lim\limits_{h\to 0}\dfrac{f(2-h)-f(2)}{h}=$ _____,
$\lim\limits_{h\to 0}\dfrac{f(2+h)-f(2-h)}{h}=$ _____.

(2) 已知 $f(x)$ 在 $x=0$ 处连续,且 $\lim\limits_{x\to 0}\dfrac{f(x)}{x}=1$, 则 $f(0)=$ _____, $f'(0)=$ _____.

(3) 设 $y=f(x)$ 在点 (x_0,y_0) 处的切线方程为 $y=2x+1$, 则 $f'(x_0)=$ _____, $[f(x_0)]'=$ _____.

2. 判断:若曲线 $y=f(x)$ 处处有切线,则 $y=f(x)$ 必处处可导. ( )

3. 已知 $f(x)=\begin{cases}\dfrac{2}{3}x^3,& x\leqslant 1,\\ x^2,& x>1,\end{cases}$ 试求: $f'_+(1),f'_-(1),f'(x)$.

4. 设 $y=2x^3$, 求在点 $(1,2)$ 处的切线方程和法线方程.

5. 求下列函数的导数:

(1) $y=\dfrac{1}{\sqrt{x}}$;

(2) $y=\dfrac{x^2\sqrt{x}}{\sqrt[3]{x}}$;

(3) $y=(\frac{1}{3})^x$;　　　　(4) $y=\lg x$.

7. 设 $f(x)$ 与 $g(x)$ 均为可导函数,且 $g(x)=f(x+c)$,其中 c 为常数,利用导数的定义证明:$g'(x)=f'(x+c)$.

6. 已知 $f(x)=\begin{cases} x^2, & x\geqslant 0, \\ -x, & x<0, \end{cases}$ 试证:$f(x)$ 在 $x=0$ 处连续但不可导.

8. 设 $f(x)=\begin{cases} x^2, & x\leqslant 1, \\ ax+b, & x>1, \end{cases}$ 试确定 a,b 的值,使 $f(x)$ 在 $x=1$ 处可导.

第二节 导数的基本公式与运算法则

1. 求下列函数的导数：

(1) $y = \dfrac{1}{3}x^{\frac{2}{3}} + x^{-\frac{3}{2}}$；

(2) $y = x^2 \ln x + e^x \sec x$；

(3) $y = \dfrac{1}{x + \cos x}$；

(4) $y = x \lg x + \dfrac{\ln x}{x}$；

(5) $y = \dfrac{(x^2+1)e^x}{\sqrt{x}}$；

(6) $y = \csc x \cdot \sec x$；

(7) $y = x \arctan x$；

(8) $y = \left(x - \dfrac{1}{x}\right)\left(x^2 - \dfrac{1}{x^2}\right)$.

2. 求下列各函数在指定点处的导数值：

(1) $s = \dfrac{t^2}{(1+t)(1-t)}, t = 2$；

(2) $y = \csc^2 x, x = \dfrac{\pi}{4}$；

(3) $\rho = \cos 2\varphi, \varphi = \dfrac{\pi}{4}$；

(4) $y = \dfrac{\cos x}{2x^2 + 3}, x = \dfrac{\pi}{2}$.

3. 求下列函数的导数：

(1) $y = \arcsin \sqrt{x}$;

(2) $y = 2\arctan \dfrac{2x}{1-x}$;

(3) $y = \dfrac{\arccos x}{\sqrt{1-x^2}}$;

(4) $y = \text{arccot} 2x + \arccos \dfrac{1}{x}$;

(5) $y = \dfrac{x}{2}\sqrt{a^2-x^2} + \dfrac{a^2}{2}\arcsin \dfrac{x}{a}$.

4. 求下列函数的导数：

(1) $y = (x^2-1)^{\frac{3}{2}}$;

(2) $y = \left(\dfrac{1+x^2}{1-x^2}\right)^2$;

(3) $y = \dfrac{x}{\sqrt{4-x^2}}$;

(4) $y = \sin^2 x \csc^2 x$;

(5) $y = \tan \dfrac{x}{2} + \cot \dfrac{x}{2}$;

(6) $y = e^{\sqrt[3]{x}}$;

(7) $y = \ln(x + \sqrt{1+x^2})$;

(8) $y = \ln\sqrt{\dfrac{1+\sin x}{1+\cos x}}$;

(9) $y = \arcsin\sqrt{1-x^2}$;

(10) $y = e^{\cos^2\frac{1}{x}}$;

(11) $y = -\dfrac{\cos x}{2\sin^2 x} + \dfrac{1}{2}\ln\tan x$.

5. 如果可导函数 $f(x)$ 是周期函数，那么 $f'(x)$ 是不是周期函数？为什么？

6. 设 $f(x)$ 与 $g(x)$ 均为可导函数，如果 $f(t) = g(t+x)$，试证 $f'(x) = g'(2x)$.

7. 求由下列方程所确定的隐函数的导数 $\dfrac{\mathrm{d}y}{\mathrm{d}x}$：

(1) $3x^2 + 4y^2 - 1 = 0$；

(2) $e^y = \sin(x+y)$；

(3) $x\cot y = \cos(xy)$;　　　　(4) $y = \arctan(x+y)$.

8. 求由下列方程所确定的函数的导数 $\dfrac{dy}{dx}$:

(1) $\begin{cases} x = \dfrac{t^2}{2}, \\ y = 1 - t; \end{cases}$　　(2) $\begin{cases} x = \cot 2\theta, \\ y = 2\sin 2\theta; \end{cases}$　　(3) $\begin{cases} x = \tan t - t, \\ y = \sec t. \end{cases}$

9. 求下列曲线在指定点处的切线方程与法线方程:

$\begin{cases} x = \dfrac{2t}{1+t^2}, \\ y = \dfrac{1-t^2}{1+t^2}, \end{cases}$　　$t = 2$.

10. 用对数求导法求下列各函数的导数:

(1) $y = \sqrt{\dfrac{3x-2}{(5-2x)(x-1)}}$;　　(2) $y = \dfrac{(2x+3)^3 \sqrt{x-6}}{\sqrt[3]{x+1}}$;

(3) $y = (\sin x)^{\cos x}\ (\sin x > 0)$;　　(4) $y = 2^x \sqrt{x^2+1}\sin 2x$.

第三节　高阶导数

1. 求下列函数的二阶导数：

   (1) $y = x^2 \sin 2x$；　　　(2) $y = (x^2 + a^2)\arctan \dfrac{x}{a}$；

   (3) $y = (x^3 + 1)^2$；　　　(4) $y = \ln(x + \sqrt{x^2 - 1})$.

2. 求下列函数的 n 阶导数：

   (1) $y = \mathrm{e}^{2x}$；　　　(2) $y = \dfrac{2 + 3x}{1 + x}$.

3. 求由下列方程所确定的隐函数的二阶导数 $\dfrac{\mathrm{d}^2 y}{\mathrm{d}x^2}$：

   (1) $y^2 + x^2 - 3axy = 0$；　　(2) $\sec x \cos y = c$（常数）.

4. 求由下列参数方程所确定的函数的二阶导数 $\dfrac{\mathrm{d}^2 y}{\mathrm{d}x^2}$：

   (1) $\begin{cases} x = a\cos t, \\ y = b\sin t; \end{cases}$　　(2) $\begin{cases} x = t\mathrm{e}^{-t}, \\ y = \mathrm{e}^t. \end{cases}$

第四节 微 分

1. 填空题.

(1) 设 $y = x^2 + 1$ 在 $x_0 = 2$ 处 $\Delta x = 0.01$,则 $\Delta y = $ _____,$dy = $ _____.

(2) 函数 $f(x)$ 在 $x = x_0$ 处连续是 $f(x)$ 在 $x = x_0$ 处可微的 _____ 条件.

(3) 设 $y = f(u)$ 是可微函数,u 是 x 的可微函数,则 $dy = $ _____ dx.

(4) 若 $f(x)$ 可微,当 $\Delta x \to 0$ 时,在点 x 处的 $\Delta y - dy$ 是关于 Δx 的 _____ 无穷小.

2. 将适当的函数填入下列括号内,使等式成立:

(1) d _____ $= 2dx$; (2) d _____ $= 3xdx$;

(3) d _____ $= \cos t dt$; (4) d _____ $= \sin \omega t dt$;

(5) d _____ $= \dfrac{1}{1+x} dx$; (6) d _____ $= e^{-2x} dx$;

(7) d _____ $= \dfrac{1}{\sqrt{x}} dx$; (8) d _____ $= \sec^2 x dx$.

3. 计算下列函数的微分:

(1) $y = x^2 e^{2x}$;

(2) 函数 y 由方程 $x + y = e^y$ 确定.

4. 计算 $\sqrt[3]{1.02}$ 的近似值.

第三章复习题

1. 设曲线 $f(x)=x^n$ 在点 $(1,1)$ 处的切线与 x 轴的交点为 $(\xi_n,0)$，则 $\lim\limits_{n\to\infty}f(\xi_n)=$ _____.

2. 设 $f'(x_0)=2$，则 $\lim\limits_{h\to 0}\dfrac{f(x_0-2h)-f(x_0+3h)}{h}=$ _____.

3. 设周期函数 $f(x)$ 在 $(-\infty,+\infty)$ 内可导，周期为 4，又 $\lim\limits_{x\to 0}\dfrac{f(1)-f(1-x)}{2x}=-1$，则曲线 $y=f(x)$ 在点 $(5,f(5))$ 处的切线的斜率为 _____.

4. 设函数 $f(x)$ 在 $x=0$ 处连续，且 $\lim\limits_{h\to 0}\dfrac{f(h^2)}{h^2}=1$，则（　　）.

A. $f(0)=0$ 且 $f'_-(0)$ 存在　　B. $f(0)=1$ 且 $f'_+(0)$ 存在

C. $f(0)=0$ 且 $f'_+(0)$ 存在　　D. $f(0)=1$ 且 $f'_+(0)$ 存在

5. 若 $y=x^n+n^x+n^n$，求 $\dfrac{\mathrm{d}y}{\mathrm{d}x}$.

6. 设 $y=\cos^2 x\cdot\ln x$，求 $\dfrac{\mathrm{d}^2 y}{\mathrm{d}x^2}$.

7. 设 $y=f(x)$ 由方程 $\ln\sqrt{x^2+y^2}=\arctan\dfrac{y}{x}$ $(x\neq 0,y\neq 0)$ 所确定，求 $\mathrm{d}y$.

8. 设 $y=f(x+y)$，其中，f 具有二阶导数，且一阶导数不为 1，求 $\dfrac{\mathrm{d}^2 y}{\mathrm{d}x^2}$.

9. 设函数 $f(x)$ 在 $x=2$ 的某邻域内可导，且 $f'(x)=e^{f(x)}$，$f(2)=1$，试求：$f'''(2)$.

10. 设函数 $y=\dfrac{1}{2x+3}$，试求：$y^{(n)}(0)$.

11. 讨论函数

$$f(x)=\begin{cases}\dfrac{\sqrt{x+1}-1}{\sqrt{x}}, & x>0, \\ 0, & x\leqslant 0\end{cases}$$

在点 $x=0$ 处的连续性和可导性.

12. 设

$$f(x)=\begin{cases}x^{\alpha}\sin\dfrac{1}{x}, & x>0, \\ e^{x}+\beta, & x\leqslant 0\end{cases}$$

试根据 α 和 β 的不同情况，讨论 $f(x)$ 在 $x=0$ 处的连续性，并指出何时 $f(x)$ 在 $x=0$ 处可导.

第四章 中值定理与导数应用

第一节 中值定理

1. 选择题.

(1) 下列函数在 $[-1,1]$ 上满足罗尔定理条件的是( ).

A. $f(x)=e^x$ B. $f(x)=|x|$

C. $f(x)=1-x^2$ D. $f(x)=\begin{cases} x\sin\dfrac{1}{x}, & x\neq 0 \\ 0, & x=0 \end{cases}$

(2) 下列条件不能使 $f(x)$ 在 $[a,b]$ 上应用拉格朗日中值定理的是( ).

A. 在 $[a,b]$ 上连续,在 (a,b) 内可导

B. 在 $[a,b]$ 上可导

C. 在 (a,b) 内可导,且在 a 点右连续,b 点左连续

D. 在 (a,b) 内有连续的导数

(3) 函数 $f(x)=\ln(1+x)$ 在 $[0,e-1]$ 上满足拉格朗日中值定理时数值 ξ 是( ).

A. e B. $e-1$ C. $e-2$ D. 1

(4) 设 $y=f(x)$ 在 (a,b) 内可导,$x,x+\Delta x$ 是 (a,b) 内的任意两点,$\Delta y=f(x+\Delta x)-f(x)$,则( ).

A. $\Delta y=f'(x)\Delta x$

B. 在 $x,x+\Delta x$ 之间恰有一点 ξ,使 $\Delta y=f'(\xi)\Delta x$

C. 在 $x,x+\Delta x$ 之间至少存在一点 ξ,使 $\Delta y=f'(\xi)\Delta x$

D. 在 $x,x+\Delta x$ 之间的任一点 ξ,均有 $\Delta y=f'(\xi)\Delta x$

(5) 若 $f(x)$ 在 (a,b) 内可导,且 x_1,x_2 是 (a,b) 内任意两点,$x_1<x_2$,则至少存在一点 ξ,使( ).

A. $f(b)-f(a)=f'(\xi)(b-a)$,其中 $a<\xi<b$

B. $f(b)-f(x_1)=f'(\xi)(b-x_1)$,其中 $x_1<\xi<b$

C. $f(x_2)-f(x_1)=f'(\xi)(x_2-x_1)$,其中 $x_1<\xi<x_2$

D. $f(x_2)-f(a)=f'(\xi)(x_2-a)$,其中 $a<\xi<x_2$

2. 设 $f(x)=(x-1)(x-2)(x-3)$,则方程 $f'(x)=0$ 有_____个实根,分别位于区间_____中.

3. 证明:当 $x\geqslant 1$ 时,恒等式 $2\arctan x+\arcsin\dfrac{2x}{1+x^2}=\pi$ 成立.

4. 设函数 $f'(x)$ 在 $[a,b]$ 上连续，且 $f(a)f(b)<0$，$f'(x)\neq 0$ $(x\in(a,b))$. 证明函数 $f(x)$ 在区间 (a,b) 内有唯一零点.

5. 证明：方程 $x+e^x=0$ 在区间 $(-1,1)$ 内有唯一的根.

6. 设 $f(x)$ 在 $[0,1]$ 上具有二阶导数，$f(1)=f(-1)=0$，又 $F(x)=x^2f(x)$. 证明在 $(0,1)$ 内至少存在一点 ξ，使 $F''(\xi)=0$.

7. 证明下列不等式：
(1) 当 $n>1, a>b>0$ 时，$nb^{n-1}(a-b)<a^n-b^n<na^{n-1}(a-b)$；

(2) 当 $0<x<\pi$ 时,$\dfrac{\sin x}{x}>\cos x$.

9. 设 $f(x)$ 在 $[0,1]$ 上连续,在 $(0,1)$ 内可导,且 $f(0)=0$,证明在 $(0,1)$ 内存在一点 c,使 $cf'(c)+2f(c)=f'(c)$.

8. 设 $f(x)$ 是 $[a,b]$ 上的正值可微函数. 证明:存在 $\xi\in(a,b)$,使得
$\ln\dfrac{f(b)}{f(a)}=\dfrac{f'(\xi)}{f(\xi)}(b-a)$.

第二节 洛必达法则

1. 选择题.

(1) 能用洛必达法则求极限的是( ).

A. $\lim\limits_{x\to 1}\dfrac{4x-1}{x^2+3x-4}$

B. $\lim\limits_{x\to +\infty}\dfrac{x+\ln x}{x\ln x}$

C. $\lim\limits_{x\to 0}\dfrac{x^2\sin\dfrac{1}{x}}{\sin x}$

D. $\lim\limits_{x\to +\infty}\dfrac{e^x-e^{-x}}{e^x+e^{-x}}$

(2) 下列各式运用洛必达法则正确的是( ).

A. $\lim\limits_{n\to\infty}\sqrt[n]{n}=e^{\lim\limits_{n\to\infty}\frac{\ln n}{n}}=e^{\lim\limits_{n\to\infty}\frac{1}{n}}=1$

B. $\lim\limits_{x\to 0}\dfrac{x+\sin x}{x-\sin x}=\lim\limits_{x\to 0}\dfrac{1+\cos x}{1-\cos x}=\infty$

C. $\lim\limits_{x\to 0}\dfrac{x^2\sin\dfrac{1}{x}}{\sin x}=\lim\limits_{x\to 0}\dfrac{2x\sin\dfrac{1}{x}-\cos\dfrac{1}{x}}{\cos x}$ 不存在

D. $\lim\limits_{x\to 0}\dfrac{x}{e^x}=\lim\limits_{x\to 0}\dfrac{1}{e^x}=1$

2. 填空题.

(1) $\lim\limits_{x\to\frac{\pi}{2}}\dfrac{\cos 5x}{\cos 3x}=$ _____.

(2) $\lim\limits_{x\to +\infty}\dfrac{\ln(1+\dfrac{1}{x})}{\arctan x}=$ _____.

(3) $\lim\limits_{x\to 0^+}(\sin x)^x=$ _____.

(4) $\lim\limits_{x\to 0}(\dfrac{1}{x^2}-\dfrac{1}{x\tan x})=$ _____.

3. 利用洛必达法则求下列各极限:

(1) $\lim\limits_{x\to 1}\dfrac{x^3-3x^2+2}{x^3-x^2-x+1}$;

(2) $\lim\limits_{x\to a}\dfrac{x^m-a^m}{x^n-a^n}(a\neq 0)$;

(3) $\lim\limits_{x\to\frac{\pi}{2}^+}\dfrac{\ln(x-\dfrac{\pi}{2})}{\tan x}$;

(4) $\lim\limits_{x\to 0}\dfrac{2^x+2^{-x}-2}{x^2}$;

(5) $\lim\limits_{x\to 0}\dfrac{e^{x^2}-1}{\cos x-1}$;

(6) $\lim\limits_{x\to +\infty} x\cdot(\sqrt{x^2+1}-x)$;

(9) $\lim\limits_{x\to 0^+}\left(\dfrac{1}{x}\right)^{\tan x}$;

(10) $\lim\limits_{x\to +\infty}\left(\dfrac{2}{\pi}\arctan x\right)^x$;

(7) $\lim\limits_{x\to 0}\dfrac{e^x-\sin x-1}{(\arcsin x)^2}$;

(8) $\lim\limits_{x\to 0}\left(\dfrac{1}{x}-\dfrac{1}{e^x-1}\right)$;

(11) $\lim\limits_{x\to 1}\dfrac{x-x^x}{1-x+\ln x}$;

(12) $\lim\limits_{n\to\infty}\sqrt[n]{n}$.

第三节 函数的增减性

1. 选择题.

(1) 函数 $f(x)$ 在 (a,b) 内可导,则在 (a,b) 内 $f'(x)>0$ 是函数 $f(x)$ 在 (a,b) 内单调增加的( ).

A. 必要非充分条件   B. 充分非必要条件
C. 充分必要条件   D. 无关条件

(2) 设 $f(x)=\sqrt[3]{(2x-1)(1-x)^2}$,则 $f(x)$ 的单调递减区间为( ).

A. $\left[\dfrac{2}{3},1\right]$ B. $\left(-\infty,\dfrac{2}{3}\right],[1,+\infty)$

C. $(-\infty,1)$ D. $\left[\dfrac{2}{3},+\infty\right)$

(3) 下列函数中,(   ) 在指定区间内是单调减少的函数.

A. $y=2^{-x},(-\infty,+\infty)$ B. $y=e^x,(-\infty,0)$
C. $y=\ln x,(0,+\infty)$ D. $y=\sin x,(0,\pi)$

(4) $f(x)$ 在 $(-\infty,+\infty)$ 内可导,且 $\forall x_1,x_2$,当 $x_1>x_2$ 时,$f(x_1)>f(x_2)$,则( ).

A. 任意 x,$f'(x)>0$

B. 任意 x,$f'(-x)\leqslant 0$

C. $f(-x)$ 单调增加

D. $-f(-x)$ 单调增加

2. 若函数 $f(x)$ 二阶导数存在,且 $f''(x)>0,f(0)=0$,则 $F(x)=\dfrac{f(x)}{x}$ 在 $0<x<+\infty$ 上是单调_____.

3. 确定下列函数的单调区间:

(1) $y=2x+\dfrac{8}{x}$;

(2) $y=2-(x-1)^{\frac{2}{3}}$.

4. 证明下列不等式：

(1) 当 $x>0$ 时，$\ln(1+x) > \dfrac{\arctan x}{1+x}$；

(2) 当 $x>1$ 时，$\ln x > \dfrac{2(x-1)}{x+1}$；

(3) 当 $x>0$ 且 $x\neq 1$ 时，$2\sqrt{x} > 3 - \dfrac{1}{x}$.

第四节　函数的极值

1. 选择题.

(1) 设 $f(x)$ 在点 x_0 处可导,则 $f'(x_0)=0$ 是 $f(x)$ 在点 x_0 处取得极值的( ).

A. 必要条件　　B. 充分条件　　C. 充要条件　　D. 无关条件

(2) 设 $f(x)$ 在 $(-\infty,+\infty)$ 内有二阶导数,$f'(x_0)=0$,问 $f(x)$ 还要满足以下哪个条件,则 $f(x_0)$ 必是 $f(x)$ 的最大值?( )

A. $x=x_0$ 是 $f(x)$ 的唯一驻点

B. $x=x_0$ 是 $f(x)$ 的极大值点

C. $f''(x)$ 在 $(-\infty,+\infty)$ 内恒为负

D. $f''(x)$ 不为零

(3) 若 $f(x)$ 在 x_0 处至少二阶可导,且 $\lim\limits_{x\to x_0}\dfrac{f(x)-f(x_0)}{(x-x_0)^2}=-1$,则函数 $f(x)$ 在 x_0 处( ).

A. 取得极大值　　　　　B. 取得极小值

C. 无极值　　　　　　　D. 不一定有极值

(4) 设 $f'(x_0)=f''(x_0)=0,f'''(x_0)>0$,则下列选项正确的是( ).

A. $f'(x_0)$ 是 $f'(x)$ 的极大值

B. $f(x_0)$ 是 $f(x)$ 的极大值

C. $f(x_0)$ 是 $f(x)$ 的极小值

D. $(x_0,f(x_0))$ 是曲线 $y=f(x)$ 的拐点

2. 设函数 $f(x)$ 在 $x=0$ 的某邻域内可导,且 $f'(0)=0$,$\lim\limits_{x\to 0}\dfrac{f'(x)}{\sin x}=-\dfrac{1}{2}$,则 $f(0)$ 是 $f(x)$ 的极_____值.

3. 求下列函数的极值:

(1) $f(x)=x-\dfrac{3}{2}x^{2/3}$;　　　　(2) $f(x)=x^{\frac{1}{x}}$.

4. 试确定常数 a,b,使 $f(x)=a\ln x+bx^2+x$ 在 $x=1$ 和 $x=2$ 处有极值,并求此极值.

第五节 最大值与最小值、极值的应用题

1. 求函数 $f(x)=x^{\frac{2}{3}}-(x^2-1)^{\frac{1}{3}}$ 在区间 $[0,2]$ 上的最大值和最小值.

2. 求下列函数在给定区间上的最大值与最小值：
   (1) $y=2x^3+3x^2-12x+14,[-3,4]$；

   (2) $y=x+\sqrt{x},[0,4]$.

3. 讨论函数 $f(x)=e^{2x}(x-2)^2$ 在 $(-\infty,+\infty)$ 内的最大值、最小值.

4. 某厂每批生产某种商品 x 单位的费用为 $C(x)=5x+200$，得到的收益是 $R(x)=10x-0.01x^2$，问每批生产多少单位时才能使利润最大？

5. 工厂(在 C 点)与铁路线的垂直距离 AC 为 20 km，A 点到火车站(在 B 点)的距离为 100 km. 欲修一条从工厂到铁路的公路 CD，已知铁路与公路每公里运费之比为 3∶5，为了使火车站与工厂间的运费最省，问 D 点应选在何处？

第六节 曲线的凹凸性

1. 选择题.

(1) 若点 $(x_0, f(x_0))$ 是曲线 $y = f(x)$ 的拐点,则( ).

A. 必有 $f''(x_0)$ 存在且等于零

B. 必有 $f''(x_0)$ 存在但不一定等于零

C. 如果 $f''(x_0)$ 存在,必等于零

D. 如果 $f''(x_0)$ 存在,必不等于零

(2) 若点 $(1,0)$ 是曲线 $y = ax^3 + bx^2 + 2$ 的拐点,则( ).

A. $a=1, b=2$ B. $a=1, b=-3$
C. $a=0, b=-3$ D. $a=2, b=2$

2. 填空题.

(1) 曲线 $y = \dfrac{5}{9}x^2 + (x-3)^{\frac{5}{3}}$ 的凹区间为_____和_____.

(2) 曲线 $y = xe^{-x}$ 的拐点为_____.

3. 求下列函数图形的拐点和凹凸区间:

(1) $y = 3x^4 - 4x^3 + 1$;

(2) $y = \sqrt[3]{x}$.

4. 列表求曲线 $y = \ln(1+x^2)$ 的拐点和凹凸区间.

5. 利用凹凸性证明:当 $0 < x < \pi$ 时,$\sin \dfrac{x}{2} > \dfrac{x}{\pi}$.

第七节　函数图形的做法

1. 求 $y=\dfrac{x}{(1-x^2)^2}$ 的渐近线.

2. 作函数 $y=e^{-x^2}$ 的图形.

第八节 变化率及相对变化率在经济中的应用

1. 已知某商品的总成本函数为
$$C(x)=0.001x^3-0.3x^2+40x+1000$$
求：
(1) 当 $x=10$ 时的总成本和平均成本；
(2) $x=10$ 到 $x=50$ 时的总成本的平均变化率；
(3) 当 $x=50$ 时的边际成本并解释其经济意义.

2. 某酸乳商行生产 $x(0\leqslant x\leqslant 5000)$（升）产品时，收入函数 $R(x)$（元）与成本函数 $C(x)$（元）分别为：
$$R(x)=1200\left(\frac{x}{10}\right)^{\frac{1}{2}}-\left(\frac{x}{10}\right)^{\frac{3}{2}},\ C(x)=300\left(\frac{x}{10}\right)^{\frac{1}{2}}+4000$$
利用边际成本、边际收入和边际利润分析该商行的产品成本、收入利润的变化规律.

3. 某企业生产某种产品，每天的总利润 L（元）与产量 x（吨）的函数关系为
$$L(x)=160x-4x^2$$
求当每天产量为 10 吨、20 吨、25 吨时的边际利润，并说明其经济意义.

4. 设某种家具的需求函数为 $x=1200-3p$，其中 p（元）为家具的销售价格，x（件）为需求量，求销售该家具的边际收入函数以及当销售量分别为 $x=450,600,750$ 时的边际收入，并说明其经济意义.

5. 某煤炭公司每天产煤 x(吨)的总成本函数为：
$$C(x)=2000+450x+0.02x^2$$
如果煤的销售价格为 490 元/吨，求：
(1) 边际成本函数 $C'(x)$；
(2) 利润函数 $L(x)$ 及其边际利润函数 $L'(x)$；
(3) 边际利润为 0 时的产量.

6. 设某商品的需求函数为 $Q=12-\dfrac{P}{2}$.

(1) 在 $P=6$ 时，若价格上涨 1%，收入是增加还是减少？将变化百分之几？

(2) P 为何值时，收入最大？最大的收入是多少？

7. 设成本函数为 $C(x)=54+18x+6x^2$，求平均成本最小时的产量水平.

8. 某公司销售商品 5000 台，每次进货费用为 40 元，单价为 200 元，年保管费用率为 20%，求最优订购批量.

9. 某商品的需求量 q(百件)与价格 p(千元)的关系为
$$q(p)=15e^{-\frac{p}{2}}, p\in[0,10]$$
求当价格为 9000 元时的需求弹性,并说明意义.

10. 已知某公司生产经营的某种电器的需求弹性为 1.5～3.5,如果该公司计划在一年内将价格降低 10%,试问这种电器的销售量将会增加多少?总收入将会增加多少?

第四章复习题

1. 选择题.

(1) 设 $\lim\limits_{x \to a} \dfrac{f(x)-f(a)}{(x-a)^2} = -1$,则在 a 点处( ).

A. $f(x)$ 的导数存在,且 $f'(a) \neq 0$

B. $f(x)$ 取得极大值

C. $f(x)$ 取得极小值

D. $f(x)$ 的导数不存在

(2) 已知 $f(x)$ 在 $[a,b]$ 内可导,且方程 $f(x)=0$ 在 (a,b) 内有两个不同的根 α 与 β,那么 $f'(x)=0$ 在 (a,b)( )根.

A. 必有　　B. 可能有　　C. 没有　　D. 无法确定

(3) 已知 $f(x)$ 对一切 x 满足 $xf''(x) + 3x[f'(x)]^2 = 1 - e^{-x}$. 若 $f'(x_0) = 0 (x_0 \neq 0)$,则( ).

A. $f(x_0)$ 是 $f(x)$ 的极大值

B. $f(x_0)$ 是 $f(x)$ 的极小值

C. $(x_0, f(x_0))$ 是曲线 $y = f(x)$ 的拐点

D. $f(x_0)$ 不是 $f(x)$ 的极值,且 $(x_0, f(x_0))$ 也不是曲线 $y = f(x)$ 的拐点

2. 填空题.

(1) $\lim\limits_{x \to 0} \cot x \left(\dfrac{1}{\sin x} - \dfrac{1}{x} \right) = $ _____ .

(2) 函数 $y = x - \ln(x+1)$ 在区间 _____ 内单调减少,在区间 _____ 内单调增加.

(3) 曲线 $y = \dfrac{2(x-2)(x+3)}{x-1}$ 的渐近线是 _____ .

(4) 曲线 $y = ax^4 - x^2$ 拐点的横坐标为 $x = 1$,则常数 $a = $ _____ .

3. 求下列极限:

(1) $\lim\limits_{x \to 0^+} x^m \ln x \, (m > 0)$;

(2) $\lim\limits_{x \to 0^+} x^{\sin x}$;

(3) $\lim\limits_{x\to 0}\dfrac{\sqrt{1+\tan x}-\sqrt{1+\sin x}}{x\ln(1+x)-x^2}$.

4. 欲做一个底为正方形、容积为 $108\ m^3$ 的长方体开口容器,怎样做所用材料最省?

5. 当 $0<x<2$ 时,证明:$4x\ln x\geqslant x^2+2x-3$.

6. 已知函数 $f(x)$ 在 $[0,1]$ 上连续,在 $(0,1)$ 内可导,且 $f(0)=1$,$f(1)=0$,证明在 $(0,1)$ 内至少存在一点 ξ,使得 $f'(\xi)=-\dfrac{f(\xi)}{\xi}$.

第五章 不定积分

第一节 不定积分的概念和性质

1. 填空题.

(1) 若在区间 I 上 $F'(x) = f(x)$,则 $F(x)$ 叫作 $f(x)$ 在该区间上的一个_____,$f(x)$ 的所有原函数叫作 $f(x)$ 在该区间上的_____.

(2) $F(x)$ 是 $f(x)$ 的一个原函数,则 $y = F(x)$ 的图形为 $f(x)$ 的一条_____.

2. 选择题.

(1) 下列各式中,(　　)是 $f(x) = \sin|x|$ 的原函数.

A. $y = -\cos|x|$

B. $y = -|\cos x|$

C. $y = \begin{cases} -\cos x, & x \geq 0, \\ \cos x - 2, & x < 0 \end{cases}$

D. $y = \begin{cases} -\cos x + c_1, & x \geq 0, \\ \cos x + c_2, & x < 0 \end{cases}$ (c_1、c_2 为任意常数)

(2) 若 $\int f(x)dx = x^2 e^{2x} + c$,则 $f(x) = (\quad)$.

A. $2xe^{2x}$　　B. $2x^2 e^{2x}$　　C. xe^{2x}　　D. $2xe^{2x}(1+x)$

(3) 下列等式中正确的是( ).

A. $d\int f(x)dx = f(x)$　　B. $\int f'(x)dx = f(x) + c$

C. $\int df(x) = f(x)dx$　　D. $\dfrac{d}{dx}\int f(x)dx = f(x) + c$

3. 求经过点 $(0,1)$,且其切线的斜率为 x 的曲线方程.

4. 若 $\int f(x)dx = x^2 e^{2x} + c$,试求 $f(x)$.

第二节 基本积分公式

1. 求下列不定积分：

(1) $\int \dfrac{x+1}{\sqrt[3]{x}} dx$;

(2) $\int \dfrac{x^4}{1+x^2} dx$;

(3) $\int \tan^2 x \, dx$;

(4) $\int \dfrac{1+\cos^2 x}{1+\cos 2x} dx$;

(5) $\int \left(\dfrac{1}{\sqrt{x^2-1}} + \cot^2 x \right) dx$;

(6) $\int \sin^2 \dfrac{x}{2} dx$;

(7) $\int 10^x 2^{3x} dx$;

(8) $\int \dfrac{\cos 2x}{\cos x + \sin x} dx$.

2. 若曲线 $y = f(x)$ 上点 (x,y) 的切线斜率与 x^3 成正比，并且通过点 $A(1,6)$ 和 $B(2,-9)$，求该曲线的方程.

3. 若 $f'(\sin^2 x) = \cos^2 x$，求 $f(x)$.

第三节 换元积分法

1. 填空题.

(1) 若 $\int f(x)dx = F(x)+c$,则 $\int f(ax+b)dx = $ _____ $(a \neq 0)$.

(2) 已知 $\int f(x)dx = \sin x + x + c$,则 $\int e^x f(e^x+1)dx = $ _____.

(3) 如果 $\int f(\sin x)\cos x dx = \sin^2 x + c$,则 $f(x) = $ _____.

2. 选择题.

(1) $\int \dfrac{f'(x)}{1+[f(x)]^2}dx = ($).

A. $\ln|1+f(x)|+c$ B. $\dfrac{1}{2}\ln|1+[f(x)]^2|+c$

C. $\arctan[f(x)]+c$ D. $\dfrac{1}{2}\arctan[f(x)]+c$

(2) $\int |x|dx = ($).

A. $\dfrac{1}{2}|x|^2+c$ B. $\dfrac{1}{2}x^2+c$ C. $\dfrac{1}{2}x|x|+c$ D. $-\dfrac{1}{2}x^2+c$

3. 求下列不定积分:

(1) $\int \dfrac{1}{x\ln x \ln\ln x}dx$;

(2) $\int \dfrac{10^{\arccos x}}{\sqrt{1-x^2}}dx$;

(3) $\int \cos 5x \sin 4x dx$;

(4) $\int \dfrac{\ln\tan x}{\sin 2x}dx$;

(5) $\int e^{3x}dx$;

(6) $\int \sin^2 x dx$;

(7) $\int \tan^2 x de^x$;

(8) $\int \cos^3 x dx$;

(9) $\int \dfrac{\mathrm{d}x}{\sqrt[3]{2-3x}}$;   (10) $\int \dfrac{x^3}{1+x^2}\mathrm{d}x$.   (3) $\int \dfrac{2^x \mathrm{d}x}{1+2^x+4^x}$;   (4) $\int \sqrt{5-4x-x^2}\,\mathrm{d}x$;

4. 求下列不定积分：

(1) $\int \dfrac{\mathrm{d}x}{\sqrt{(x^2+1)^3}}$;   (2) $\int \dfrac{\mathrm{d}x}{x^8(1-x^2)}$;   (5) $\int \dfrac{\mathrm{d}x}{1+\sqrt{2x}}$;   (6) $\int \dfrac{1}{x\sqrt{x^2-1}}\mathrm{d}x$.

第四节 分部积分法

1. 填空题.

(1) 若 $f(x)$ 的一个原函数为 $\frac{\sin x}{x}$, 则 $\int xf'(x)\mathrm{d}x = $ _____.

(2) 若 $f(x)$ 的一个原函数为 $\ln x$, 则 $\int xf'(x)\mathrm{d}x = $ _____.

2. 选择题.

(1) $\int xf''(x)\mathrm{d}x = ($).

A. $xf''(x) - f(x) + c$ B. $xf'(x) - f'(x) + c$

C. $xf'(x) + f(x) + c$ D. $xf'(x) - \int f(x)\mathrm{d}x$

(2) 设 $I = \int \frac{\arctan x \mathrm{d}x}{x^2(1+x^2)}$, 下列做法中不正确的是( ).

A. $I = \frac{1}{2}\int \frac{1}{x^2}\mathrm{d}(\arctan^2 x)$, 再用分部积分法

B. 设 $\arctan x = t$, $I = \int t\cot^2 t \mathrm{d}t$, 再用分部积分法

C. $I = \int \frac{(x^2+1)-x^2}{x^2(1+x^2)}\arctan x \mathrm{d}x = \int \frac{\arctan x}{x^2}\mathrm{d}x - \frac{1}{2}\arctan^2 x + c$, 对第一个积分再用分部积分法

D. $I = \int (\frac{1}{x^2} - \frac{1}{1+x^2})\arctan x \mathrm{d}x$

3. 求下列不定积分:

(1) $\int x^2 \ln x \mathrm{d}x$;

(2) $\int x^2 \cos x \mathrm{d}x$;

(3) $\int x^2 \arctan x \mathrm{d}x$;

(4) $\int \mathrm{e}^{-2x} \sin \frac{x}{2} \mathrm{d}x$;

(5) $\int \cos\ln x \mathrm{d}x$;

(6) $\int \frac{\ln(1+\mathrm{e}^x)}{\mathrm{e}^x}\mathrm{d}x$;

(7) $\int \mathrm{e}^{\sqrt[3]{x}}\mathrm{d}x$;

(8) $\int \frac{\ln(1+x)}{\sqrt{x}}\mathrm{d}x$.

第五节 综合题

求下列不定积分：

(1) $\int \dfrac{x\,dx}{(x+1)(x+2)(x+3)}$;

(2) $\int \dfrac{dx}{2+\sin x}$;

(3) $\int \dfrac{dx}{1+\tan x}$;

(4) $\int \dfrac{\sqrt{x+1}-1}{1+\sqrt{x+1}}dx$;

(5) $\int \dfrac{dx}{\sqrt[3]{(x+1)^2(x-1)^4}}$;

(6) $\int \dfrac{6x^2-11x+4}{x(x-1)^2}dx$;

(7) $\int \dfrac{dx}{3+\sin^2 x}$;

(8) $\int \dfrac{dx}{1+\sqrt[3]{1+x}}$;

(9) $\int \dfrac{dx}{1+\sqrt{1-x^2}}$;

(10) $\int \dfrac{xe^x}{\sqrt{e^x-1}}dx$;

(11) $\int \dfrac{dx}{\sqrt{1+e^x}}$;

(12) $\int \dfrac{dx}{1+\sqrt[3]{1+x}}$.

第五章复习题

1. 填空题.

(1) 已知 $\int f(x+1)dx = x\sin(x+1) + c$,则 $f(x) = $ _____.

(2) $\int e^{|x|}dx = $ _____.

(3) 已知一曲线经过点 $(2,1)$,且在其上任一点 (x,y) 处的切线斜率等于 $3x$,曲线的方程为 _____.

(4) 若 $f(x)$ 的一个原函数为 $\dfrac{\sin x}{x}$,则 $\int xf'(x)dx = $ _____.

(5) 若 $\int f(x)dx = x^3 + c$,则 $\int \dfrac{1}{x}f(\ln x)dx = $ _____.

2. 选择题.

(1) 若 $f(x)$ 可微,则 $d\int f'(x)dx = ($).

A. $f(x)dx$ B. $f'(x)dx$ C. $f(x)+c$ D. $f'(x)+c$

(2) 已知 $\sin x$ 是 $f(x)$ 的一个原函数,则 $\lim\limits_{\Delta x \to 0} \dfrac{f(x+\Delta x)-f(x)}{\Delta x} = $ ( ).

A. $\sin x$ B. $\cos x$ C. $-\sin x$ D. $-\cos x$

(3) 已知 $f(x)$ 是 $(-\infty, +\infty)$ 内的奇函数,$F(x)$ 是它的一个原函数,则( ).

A. $F(x) = -F(-x)$ B. $F(-x) = F(x)$

C. $F(x) = -F(-x) + c$ D. $F(x) = F(x) + c$

(4) 已知 $f'(x) = 2$ 且 $f(0) = 1$,则 $\int f(x)f'(x)dx = ($).

A. $2x+1$ B. $(2x+1)^2$ C. $2x^2+2x+c$ D. $(2x+1)^2+c$

(5) 若 $\int \dfrac{f(x)}{1+x^2}dx = \ln(1+x^2) + c$,则 $f(x) = ($).

A. x^2 B. $2x$ C. x D. $\dfrac{x}{2}$

3. 计算题.

(1) $\int \dfrac{3 - \sqrt{x^3} + x\sin x}{x}dx$;　　(2) $\int \dfrac{dx}{1+e^x}$;

(3) $\int \dfrac{dx}{(\arcsin x)^2 \sqrt{1-x^2}}$;　　(4) $\int \tan^5 x \sec^4 x\, dx$;

(5) $\int \ln(x+\sqrt{1+x^2})\mathrm{d}x$

(6) $\int \dfrac{\mathrm{d}x}{x\sqrt{x+1}}$;

4. 设 $f(x)=\begin{cases}1, & x<0,\\ x+1, & 0\leqslant x\leqslant 1,\\ 2x, & x>1,\end{cases}$ 求 $\int f(x)\mathrm{d}x$.

(7) $\int \dfrac{\mathrm{d}x}{\sin 2x+2\sin x}$;

(8) $\int \dfrac{1-x}{\sqrt{9-4x^2}}\mathrm{d}x$.

5. 设 $F(x)$ 为 $f(x)$ 的原函数，当 $x\geqslant 0$ 时，$f(x)F(x)=\sin^2 2x$，且 $F(0)=1, F(x)\geqslant 0$，求 $f(x)$.

第六章 定 积 分

第一节 定积分的定义、性质

1. 选择题.

(1) 定积分的值与哪些因素无关？（　　）

A. 积分变量　　　　　　B. 被积函数

C. 积分区间的长度　　　D. 积分区间的位置

(2) 函数 $f(x)$ 在 $[a,b]$ 上连续是 $f(x)$ 在 $[a,b]$ 上可积的（　　）.

A. 必要条件　　　　　　B. 充分条件

C. 充要条件　　　　　　D. 无关条件

(3) $f(x)$ 在 $[a,b]$ 上连续且 $\int_a^b f(x)\mathrm{d}x = 0$，则（　　）.

A. $\int_a^b [f(x)]^2 \mathrm{d}x = 0$ 一定成立

B. $\int_a^b [f(x)]^2 \mathrm{d}x = 0$ 一定不成立

C. $\int_a^b [f(x)]^2 \mathrm{d}x = 0$ 仅当 $f(x)$ 单调时成立

D. $\int_a^b [f(x)]^2 \mathrm{d}x = 0$ 仅当 $f(x) \equiv 0$ 时成立

(4) 设 $f(x), g(x)$ 在 $[a,b]$ 上连续，且 $\int_a^b f(x)\mathrm{d}x > \int_a^b g(x)\mathrm{d}x$，则 $\int_a^b |f(x)|\mathrm{d}x > \int_a^b |g(x)|\mathrm{d}x$（　　）.

A. 一定成立

B. 当 $g(x) < 0$ 时，一定不成立

C. 当 $g(x) > 0$ 时，一定成立

D. 仅当 $f(x) > 0, g(x) > 0$ 时，才成立

(5) 闭区间上的连续函数当然是可积的. 假如在该区间的某个点上改变该函数的值，即出现一个有限的间断点，问结果如何？（　　）

A. 必将破坏可积性

B. 可能破坏可积性

C. 不会破坏可积性，但必将改变积分值

D. 既不破坏可积性，也不影响积分值

2. 计算 $\lim\limits_{n\to\infty} \dfrac{1}{n^2}(\sqrt[3]{n^2} + \sqrt[3]{2n^2} + \cdots + \sqrt[3]{n^3})$.

3. 比较 $\int_2^1 e^x dx$, $\int_2^1 e^{x^2} dx$, $\int_2^1 (1+x) dx$ 的大小.

5. 若 $f(x) = \dfrac{1}{1+x^2} + \sqrt{1-x^2} \int_0^1 f(x) dx$, 求 $\int_0^1 f(x) dx$.

4. 设 $f(x), g(x)$ 在 $[a,b]$ 上连续, 且 $g(x) \geqslant 0, f(x) > 0$. 求
$\lim\limits_{n \to \infty} \int_a^b g(x) \sqrt[n]{f(x)} dx$.

第二节　微积分基本定理

1. 选择题.

(1) $\dfrac{d}{dx}\displaystyle\int_x^{2x} f(t)dt = ($　　$)$.

A. $\displaystyle\int_x^{2x} f'(t)dt$　　　　B. $f(2x)-f(x)$

C. $f(2x)+f(x)$　　　　D. $2f(2x)-f(x)$

(2) 设 $f(x)$ 在 $[a,b]$ 上可积,则变上限定积分 $g(x)=\displaystyle\int_a^x f(t)dt$ (　　).

A. 在 $[a,b]$ 上可导　　　　B. 是 $f(x)$ 的一个原函数

C. 不是 $f(x)$ 的一个原函数　　　　D. 不一定是 $f(x)$ 的一个原函数

(3) 设 a,b 为任意实数, $f(x)$ 为连续函数,且 $f(a-x)=-f(a+x)$,则 $\displaystyle\int_{-b}^b f(a-x)dx = ($　　$)$.

A. $\displaystyle\int_a^b f(x)dx$　　　　B. $2\displaystyle\int_0^{b-a} f(x)dx$

C. $2\displaystyle\int_0^b f(a-x)dx$　　　　D. 0

(4) $\displaystyle\int_{-1}^1 (1+x)\sqrt{1-x^2}dx = ($　　$)$.

A. π　　　B. $\dfrac{\pi}{2}$　　　C. 2π　　　D. $\dfrac{\pi}{4}$

(5) $\dfrac{d}{dx}\displaystyle\int_0^{\sqrt{\pi/2}} \sin x^2 dx = ($　　$)$.

A. 0　　　B. 1　　　C. -1　　　D. $\dfrac{\pi}{2}$

2. 求下列定积分:

(1) $\displaystyle\int_0^\pi \sqrt{\sin x - \sin^3 x}\,dx$;　　　(2) $\displaystyle\int_0^1 \dfrac{x^2}{x^2+1}dx$;

(3) $\displaystyle\int_0^1 \dfrac{dx}{\sqrt{4-x^2}}$;　　　(4) $\displaystyle\int_1^2 \dfrac{(x+1)(x^2-2)}{3x}dx$.

3. 求下列极限：

(1) $\lim\limits_{x \to 0} \dfrac{\int_0^x e^{t^2} dt - x}{x^3}$；

(2) $\lim\limits_{x \to 0} \dfrac{\int_0^{x^2} \sin^2 t \, dt}{\int_x^0 t(t - \sin t) \, dt}$.

4. 设 $f(x) = \begin{cases} 3x^2, & 0 \leqslant x < 1, \\ 5 - 2x, & 1 \leqslant x \leqslant 2, \end{cases}$ $F(x) = \int_0^x f(t) dt$, $0 \leqslant x \leqslant 2$，求 $F(x)$，并讨论 $F(x)$ 的连续性.

第三节 定积分的换元法

1. 选择题.

(1) 设 $f(x)$ 在 $[-t,t]$ 上连续，则 $\int_{-t}^{t} f(-x)\mathrm{d}x = (\qquad)$.

A. 0　　　　　　　　　　B. $2\int_0^t f(x)\mathrm{d}x$

C. $\int_{-t}^{t} f(x)\mathrm{d}x$　　　　　D. $-\int_{-t}^{t} f(-x)\mathrm{d}x$

(2) 已知 $f(x)$ 连续，则 $\dfrac{\mathrm{d}}{\mathrm{d}x}\int_a^x (x-t)f'(t)\mathrm{d}t = (\qquad)$.

A. $f(x)-f(0)$　　　　　B. $f(x)-f(a)$
C. $f(x)$　　　　　　　　D. 0

(3) 已知 $f(0)=1, f(2)=3, f'(2)=5$，则 $\int_0^2 xf''(x)\mathrm{d}x = (\qquad)$.

A. 12　　　B. 8　　　C. 7　　　D. 6

(4) 定积分 $\int_1^2 -\dfrac{1}{x^2}\mathrm{e}^{\frac{1}{x}}\mathrm{d}x$ 的值是 ( ).

A. $\mathrm{e}^{\frac{1}{2}}$　　　　　　　　B. $\mathrm{e}^{\frac{1}{2}}-\mathrm{e}$
C. 1　　　　　　　　　D. 不存在

(5) $I = \int_0^a x^3 f(x^2)\mathrm{d}x\,(a>0)$，则 $I = (\qquad)$.

A. $\int_0^{a^2} xf(x)\mathrm{d}x$　　　　B. $\int_0^a xf(x)\mathrm{d}x$

C. $\dfrac{1}{2}\int_0^{a^2} xf(x)\mathrm{d}x$　　D. $\int_0^a xf(x)\mathrm{d}x$

2. 求下列定积分：

(1) $\int_0^{\frac{\pi}{2}} \sin x \cos^2 x \,\mathrm{d}x$;　　　(2) $\int_{\frac{1}{\sqrt{2}}}^{1} \dfrac{\sqrt{1-x^2}}{x^2}\mathrm{d}x$;

(3) $\int_1^{\mathrm{e}^2} \dfrac{1}{x\sqrt{1+\ln x}}\mathrm{d}x$;　　(4) $\int_0^1 t\mathrm{e}^{-\frac{t^2}{2}}\mathrm{d}t$;

(5) $\int_1^e \dfrac{1-\ln x}{x}dx$;

(6) $\int_{-\frac{\pi}{2}}^{\frac{\pi}{2}} \sqrt{\cos x - \cos^3 x}\,dx$;

(7) $\int_0^{\frac{\pi}{2}} \dfrac{\cos x}{1+\sin^2 x}dx$;

(8) $\int_{-\frac{\pi}{2}}^{\frac{\pi}{2}} \cos x \cos 2x\,dx$.

第四节 定积分的分部积分法

1. 计算下列定积分：

(1) $\int_0^1 x e^{-x} dx$;

(2) $\int_1^e x \ln x \, dx$;

(3) $\int_0^1 x \arctan x \, dx$;

(4) $\int_{\frac{1}{e}}^e |\ln x| \, dx$;

(5) $\int_0^{e-1} \ln(x+1) dx$;

(6) $\int_0^{\frac{\sqrt{2}}{2}} \arccos x \, dx$.

2. 求下列广义积分：

(1) $\int_0^{+\infty} \frac{dx}{x^2+4x+3}$;

(2) $\int_3^{+\infty} \frac{dx}{(x-1)^2 \sqrt{x^2-2x}}$;

(3) $\int_0^{+\infty} \frac{dx}{\sqrt{x \, (x+1)^5}}$;

(4) $\int_{-\sqrt{2}}^1 \frac{1+x^2}{1+x^4} dx$;

(5) $\int_0^{2\pi} \frac{1}{5-3\cos x} dx$;

(6) $\int_{-\infty}^{+\infty} \frac{dx}{x^2+4x+9}$.

第五节　定积分的应用

1. 选择题.

(1) $y=x(x-1)(x-2)$ 与 x 轴所围部分的面积为(　　).

A. $\int_0^2 f(x)\,dx$

B. $\int_0^1 f(x)\,dx - \int_1^2 f(x)\,dx$

C. $-\int_0^2 f(x)\,dx$

D. $-\int_0^1 f(x)\,dx + \int_1^2 f(x)\,dx$

(2) 设 $f(x),g(x)$ 在区间 $[a,b]$ 上连续, 且 $g(x)<f(x)<m$ (m 为常数), 则曲线 $y=g(x),y=f(x),x=a$ 及 $x=b$ 所围平面图形绕直线 $y=m$ 旋转而成的旋转体体积为(　　).

A. $\int_a^b \pi[2m-f(x)+g(x)][f(x)-g(x)]\,dx$

B. $\int_a^b \pi[2m-f(x)-g(x)][f(x)-g(x)]\,dx$

C. $\int_a^b \pi[m-f(x)+g(x)][f(x)-g(x)]\,dx$

D. $\int_a^b \pi[m-f(x)-g(x)][f(x)-g(x)]\,dx$

2. 填空题.

(1) 曲线 $y=x^2$ 与直线 $y=x+2$ 所围成的平面图形的面积是_____.

(2) 曲线 $y=x+1,y=x^2(x\geq 0),y=1$ 与 x 轴所围成图形的面积等于_____.

3. 求抛物线 $y=x^2-2x$ 及其在点 $O(0,0)$ 和 $A(2,0)$ 处的切线所围图形的面积.

4. 求 $y=1-x^2$ 与 $y=|x|-1$ 所围图形的面积.

5. 记抛物线 $y^2=4x$ 与直线 $x+y=3$ 所围成的平面区域为 D. 求：

(1) D 的面积；

(2)D 绕 x 轴旋转一周所形成的旋转体的体积.

6. 由 $x^2+y^2 \leqslant x$ 与 $y \geqslant x$ 确定的区域记为 A,求 A 绕直线 $x=2$ 旋转一周所生成的旋转体的体积.

7. 求半径为 a 的圆的渐伸线在 $[0,\pi]$ 内的弧长.

8. 记 $y^2=x$ 与 $x-y-2=0$ 所围成的平面区域为 D.求:
(1)D 的面积 S;

(2)D 绕 x 轴旋转一周所形成的旋转体的体积 V_x.

第六章复习题

1. 填空题.

(1) $\int_{-1}^{1} (x+\sqrt{1-x^2})^2 \mathrm{d}x = $ _____.

(2) 若 $\int_{0}^{2} x f(x^2) \mathrm{d}x = \frac{1}{2} \int_{0}^{a} f(x) \mathrm{d}x$,则 $a = $ _____.

(3) 设 $f(x) = \begin{cases} x^2, 0 \leqslant x \leqslant 1, \\ 1, 1 < x \leqslant 2, \end{cases}$ 而 $F(x) = \int_{1}^{x} f(t) \mathrm{d}t \ (0 \leqslant x \leqslant 2)$,则 $F(x) = $ _____.

(4) $\int_{0}^{2} |x-1| \mathrm{d}x = $ _____.

(5) $\int_{-\infty}^{0} e^{2x} \mathrm{d}x = $ _____.

2. 选择题.

(1) 设 $F(x)$ 是 $f(x)$ 在区间 (a,b) 的一个原函数,则 $F(x) + f(x)$ 在 (a,b) 上( ).

A. 可导
B. 连续
C. 存在原函数
D. 是初等函数

(2) 设 $f(x)$ 是连续的奇函数,则 $f(x)$ 的任一原函数( ).

A. 是偶函数
B. 是奇函数
C. 可能是奇函数,也可能是偶函数
D. 非奇非偶函数

(3) $f(x)$ 在 $[a,b]$ 上连续且 $\int_{a}^{b} f(x) \mathrm{d}x = 0$,则( ).

A. 在 $[a,b]$ 上,$f(x) \equiv 0$
B. 必存在 $\xi \in [a,b]$,使 $f(\xi) = 0$
C. 存在唯一的 $\xi \in [a,b]$,使 $f(\xi) = 0$
D. 不一定存在 $\xi \in [a,b]$,使 $f(\xi) = 0$

(4) 下面广义积分收敛的是( ).

A. $\int_{e}^{+\infty} \frac{\ln x}{x} \mathrm{d}x$ \qquad B. $\int_{e}^{+\infty} \frac{1}{x \ln x} \mathrm{d}x$

C. $\int_{e}^{+\infty} \frac{\mathrm{d}x}{x (\ln x)^2}$ \qquad D. $\int_{e}^{+\infty} \frac{\mathrm{d}x}{x \sqrt{\ln x}}$

(5) 设 $f(x)$ 连续,曲线 $y = f(x)$ 与 x 轴围成三块面积 S_1, S_2, S_3,其中 S_1, S_3 在 x 轴的下方,S_2 在 x 轴的上方,若 $S_1 = 2S_2 - q, S_2 + S_3 = p \ (p \neq q)$,则 $\int_{a}^{b} f(x) \mathrm{d}x = ($).

A. $p+q$ \qquad B. $p-q$ \qquad C. $q-p$ \qquad D. $-p-q$

3. 计算题.

(1) $\int_{-\frac{1}{2}}^{\frac{1}{2}} \frac{x^3 - 3x + 1}{\sqrt{1-x^2}} \mathrm{d}x$; \qquad (2) $\int_{0}^{3} \frac{x}{1+\sqrt{1+x}} \mathrm{d}x$;

(3) $\int_0^2 \max\{x^2, x\} dx$;

(4) $\int_2^3 \frac{\ln(x-1)}{x^2} dx$;

(7) $\int_1^{+\infty} \frac{1}{\sqrt{x}(1+x)} dx$;

(8) $\int_1^2 \frac{dx}{x\sqrt{3x^2-2x-1}}$.

(5) $\int_2^3 \frac{1}{2x^2+3x-2} dx$;

(6) $\int_1^{\sqrt{3}} \frac{1}{x^2(1+x^2)} dx$;

4. 设 $f(x) = \int_0^x \frac{\sin t}{\pi - t} dt$,求 $\int_0^\pi f(x) dx$.

5. 在曲线 $y=x^2(x\geqslant 0)$ 上某点 A 处作一切线,使之与曲线以及 x 轴所围图形的面积为 $\dfrac{1}{12}$,试求:

(1) 切点 A 的坐标及过切点 A 的切线方程;

(2) 由上述所围平面图形绕 x 轴旋转一周所生成的旋转体的体积.

6. 设 $f(x)$ 是以 l 为周期的连续函数,证明:$\displaystyle\int_a^{a+l} f(x)\mathrm{d}x$ 的值与 a 无关.

第七章 无穷级数

第一节 无穷级数的概念、性质

1. 选择题.

(1) 若级数 $\sum\limits_{n=1}^{\infty} u_n$ 发散,则 $\sum\limits_{n=1}^{\infty} au_n (a \neq 0)$ ( ).

A. 一定发散

B. 可能收敛,也可能发散

C. 当 $a>0$ 时收敛,当 $a<0$ 时发散

D. 当 $a>0$ 时发散,当 $a>0$ 时收敛

(2) 下列级数中收敛的是( ).

A. $\sum\limits_{n=1}^{\infty} \left(\dfrac{5}{4}\right)^{n-1}$ B. $\sum\limits_{n=1}^{\infty} \left(\dfrac{4}{5}\right)^{n-1}$

C. $\sum\limits_{n=1}^{\infty} (-1)^{n-1} \left(\dfrac{5}{4}\right)^{n-1}$ D. $\sum\limits_{n=1}^{\infty} \left(\dfrac{5}{4}+\dfrac{4}{5}\right)^{n-1}$

(3) 已知级数 $\sum\limits_{n=1}^{\infty} (-1)^{n-1} a_n = 2$, $\sum\limits_{n=1}^{\infty} a_{2n-1} = 5$,则级数 $\sum\limits_{n=1}^{\infty} a_n$ 等于( ).

A. 3   B. 7   C. 8   D. 9

(4) 设 $a_n > 0 (n=1,2,\cdots)$,若 $\sum\limits_{n=1}^{\infty} a_n$ 发散, $\sum\limits_{n=1}^{\infty} (-1)^{n-1} a_n$ 收敛,则下列结论正确的是( ).

A. $\sum\limits_{n=1}^{\infty} a_{2n-1}$ 收敛, $\sum\limits_{n=1}^{\infty} a_{2n}$ 发散 B. $\sum\limits_{n=1}^{\infty} a_{2n}$ 收敛, $\sum\limits_{n=1}^{\infty} a_{2n-1}$ 发散

C. $\sum\limits_{n=1}^{\infty} (a_{2n-1} + a_{2n})$ 收敛 D. $\sum\limits_{n=1}^{\infty} (a_{2n-1} - a_{2n})$ 收敛

2. 填空题.

(1) 对于级数 $\sum\limits_{n=1}^{\infty} u_n$, $\lim\limits_{n \to \infty} u_n = 0$ 是它收敛的_____条件,不是它收敛的_____条件.

(2) $\sum\limits_{n=0}^{\infty} \left(\dfrac{2}{5}\right)^{n+1} = $_____.

3. 写出下列级数的一般项:

(1) $\dfrac{1}{2} + \dfrac{1}{4} + \dfrac{1}{6} + \cdots$;

(2) $\dfrac{1}{1\times 5}+\dfrac{a}{3\times 7}+\dfrac{a^2}{5\times 9}+\dfrac{a^3}{7\times 11}+\cdots$;

(3) $-\dfrac{3}{1}+\dfrac{5}{4}-\dfrac{7}{9}+\dfrac{9}{16}-\dfrac{11}{25}+\dfrac{13}{36}-\cdots$;

(4) $\dfrac{\sqrt{x}}{2}+\dfrac{x}{2\times 4}+\dfrac{x\sqrt{x}}{2\times 4\times 6}+\dfrac{x^2}{2\times 4\times 6\times 8}+\cdots\ (x>0)$.

4. 用定义判断下列级数的敛散性,如果收敛,求其和:

(1) $\sum\limits_{n=1}^{\infty}(\sqrt{n+2}-\sqrt{n+1})$;　　(2) $\sum\limits_{n=1}^{\infty}\dfrac{1}{2n(2n+1)}$;

(3) $\sum\limits_{n=1}^{\infty}\left(\dfrac{1}{3^n}+\dfrac{1}{5^n}\right)$.

第二节 正项级数

1. 部分和数列 $\{s_n\}$ 有界是正项级数 $\sum_{n=1}^{\infty} u_n$ 收敛的 _____ 条件.

2. 用比较判别法或其极限形式判定下列各级数的敛散性：

(1) $\dfrac{1}{2\times 5}+\dfrac{1}{3\times 6}+\dfrac{1}{4\times 7}+\cdots+\dfrac{1}{(n+1)\times(n+4)}+\cdots$；

(2) $1+\dfrac{1}{3}+\dfrac{1}{5}+\dfrac{1}{7}+\cdots$；

(3) $\dfrac{1}{1}+\dfrac{1}{3^2}+\dfrac{1}{5^2}+\cdots+\dfrac{1}{(2n-1)^2}+\cdots$；

(4) $\dfrac{(\sin 2)^2}{6}+\dfrac{(\sin 4)^2}{6^2}+\cdots+\dfrac{(\sin 2n)^2}{6^n}+\cdots$.

3. 用比值判别法判别下列级数的敛散性：

(1) $1+\dfrac{4}{3^2}+\dfrac{5}{3^3}+\cdots+\dfrac{n+2}{3^n}+\cdots$；

(2) $3+\dfrac{3^2\times 2!}{2^2}+\dfrac{3^3\times 3!}{3^3}+\cdots+\dfrac{3^n\times n!}{n^n}+\cdots$；

(3) $\sin\dfrac{1}{2}+2\cdot\sin\dfrac{1}{2^2}+3\cdot\sin\dfrac{1}{2^3}+\cdots+n\sin\dfrac{1}{2^n}+\cdots$;

(4) $\displaystyle\sum_{n=1}^{\infty}\dfrac{(n!)^2}{(3n)!}$; (5) $\displaystyle\sum_{n=1}^{\infty}\dfrac{\ln n}{\sqrt{n}\,2^n}$;

(6) $\displaystyle\sum_{n=1}^{\infty}\dfrac{n^n}{n!}$; (7) $\displaystyle\sum_{n=1}^{\infty}\dfrac{n^2}{3^n}$.

4. 用根值判别法判定下列各级数的敛散性：

(1) $\displaystyle\sum_{n=1}^{\infty}\left(\dfrac{n}{5n+2}\right)^n$; (2) $\displaystyle\sum_{n=1}^{\infty}\left(1+\dfrac{1}{n}\right)^{n^2}$;

(3) $\displaystyle\sum_{n=1}^{\infty}\dfrac{\left(\dfrac{n+2}{n}\right)^{n^2}}{2^n}$; (4) $\displaystyle\sum_{n=1}^{\infty}\dfrac{3^n}{1+\mathrm{e}^n}$;

(5) $\displaystyle\sum_{n=1}^{\infty}\left(\dfrac{b}{a_n}\right)^n$，其中 $a_n\to a(n\to\infty)$，a_n,b,a 均为正数，$a\neq b$.

第三节 任意项级数、绝对收敛

1. 选择题.

(1) 设常数 $\lambda > 0$,而级数 $\sum\limits_{n=1}^{\infty} a_n^2$ 收敛,则级数 $\sum\limits_{n=1}^{\infty}(-1)^n \dfrac{|a_n|}{\sqrt{n^2+\lambda}}$ ( ).

   A. 发散   B. 条件收敛

   C. 绝对收敛   D. 收敛与 λ 有关

(2) 设 $p_n = \dfrac{a_n + |a_n|}{2}, q_n = \dfrac{a_n - |a_n|}{2} (n = 1, 2, \cdots)$,则下列命题中正确的是( ).

   A. 若 $\sum\limits_{n=1}^{\infty} a_n$ 条件收敛,则 $\sum\limits_{n=1}^{\infty} p_n$ 与 $\sum\limits_{n=1}^{\infty} q_n$ 都收敛

   B. 若 $\sum\limits_{n=1}^{\infty} a_n$ 绝对收敛,则 $\sum\limits_{n=1}^{\infty} p_n$ 与 $\sum\limits_{n=1}^{\infty} q_n$ 都收敛

   C. 若 $\sum\limits_{n=1}^{\infty} a_n$ 条件收敛,则 $\sum\limits_{n=1}^{\infty} p_n$ 与 $\sum\limits_{n=1}^{\infty} q_n$ 的敛散性都不一定

   D. 若 $\sum\limits_{n=1}^{\infty} a_n$ 绝对收敛,则 $\sum\limits_{n=1}^{\infty} p_n$ 与 $\sum\limits_{n=1}^{\infty} q_n$ 的敛散性都不一定

(3) 设 α 为常数,则级数 $\sum\limits_{n=1}^{\infty} \left[\dfrac{\sin(n\alpha)}{n^2} - \dfrac{1}{\sqrt{n}}\right]$ ( ).

   A. 绝对收敛   B. 条件收敛

   C. 发散   D. 收敛性与 α 取值有关

(4) 级数 $\sum\limits_{n=1}^{\infty}(-1)^n \left(1 - \cos\dfrac{\alpha}{n}\right)$(常数 $\alpha > 0$)( ).

   A. 发散   B. 条件收敛

   C. 绝对收敛   D. 收敛性与 α 有关

(5) 设 $u_n = (-1)^n \ln\left(1 + \dfrac{1}{\sqrt{n}}\right)$,则级数( ).

   A. $\sum\limits_{n=1}^{\infty} u_n$ 与 $\sum\limits_{n=1}^{\infty} u_n^2$ 都收敛   B. $\sum\limits_{n=1}^{\infty} u_n$ 与 $\sum\limits_{n=1}^{\infty} u_n^2$ 都发散

   C. $\sum\limits_{n=1}^{\infty} u_n$ 收敛而 $\sum\limits_{n=0}^{\infty} u_n^2$ 发散   D. $\sum\limits_{n=1}^{\infty} u_n$ 发散而 $\sum\limits_{n=1}^{\infty} u_n^2$ 收敛

2. 若级数 $\sum\limits_{n=1}^{\infty} u_n$ 绝对收敛,则级数 $\sum\limits_{n=1}^{\infty} u_n$ 必定_____;若级数 $\sum\limits_{n=1}^{\infty} u_n$ 条件收敛,则级数 $\sum\limits_{n=1}^{\infty} |u_n|$ 必定_____.

3. 讨论下列任意项级数的敛散性,收敛时要说明条件收敛或绝对收敛:

(1) $\sum\limits_{n=1}^{\infty}(-1)^{n-1} \dfrac{n}{2^{n-1}}$;

(2) $\sum_{n=2}^{\infty} (-1)^n \dfrac{1}{\ln n}$;

(3) $\dfrac{1}{2} - \dfrac{2}{2^2+1} + \dfrac{3}{3^2+1} - \dfrac{4}{4^2+1} + \cdots$;

(4) $\sum_{n=1}^{\infty} (-1)^{n+1} \dfrac{2^{n^2}}{n!}$;

(5) $\sum_{n=1}^{\infty} (-1)^{n-1} \dfrac{n+1}{n^2+n+1}$;

(6) $\sum_{n=1}^{\infty} (-1)^{n+1} \dfrac{\ln\left(2+\dfrac{1}{n}\right)}{\sqrt{(3n-2)(3n+2)}}$.

4. 利用级数知识计算 $\lim\limits_{x\to\infty} \dfrac{n^n}{(n!)^2}$.

第四节 幂级数

1. 选择题.

(1) 幂级数 $\sum_{n=1}^{\infty}(-1)^{n-1}\dfrac{(x-1)^n}{n}$ 的收敛区间是( ).

A. $(0,2]$　　B. $[0,2)$　　C. $(0,2)$　　D. $[0,2]$

(2) $\sum_{n=0}^{\infty}(a_n+b_n)x^n$ 的收敛半径为( ).

A. R_1+R_2　　　　　　B. $R_1 \cdot R_2$
C. $\max\{R_1,R_2\}$　　D. $\min\{R_1,R_2\}$

(3) 幂级数 $\sum_{n=1}^{\infty}n(n+1)x^n$ 的收敛区间是( ).

A. $(-1,1)$　　　　　　B. $(-1,1]$
C. $[-1,1)$　　　　　　D. $[-1,1]$

2. 填空题.

(1) 设幂级数 $\sum_{n=0}^{\infty}a_n x^n$ 的收敛半径为 3,则幂级数 $\sum_{n=1}^{\infty}na_n(x-1)^{n+1}$ 的收敛区间为_____.

(2) 幂级数 $\sum_{n=0}^{\infty}(2n+1)x^n$ 的收敛域为_____.

(3) 幂级数 $\sum_{n=1}^{\infty}\dfrac{n}{(-3)^n+2^n}x^{2n-1}$ 的收敛半径 $R=$_____.

(4) 幂级数 $\sum_{n=0}^{\infty}\dfrac{x^n}{\sqrt{n+1}}$ 的收敛域是_____.

(5) 幂级数 $\sum_{n=1}^{\infty}\dfrac{(x-2)^{2n}}{4^n n}$ 的收敛域为_____.

3. 求下列幂级数的收敛半径和收敛区间:

(1) $\sum_{n=1}^{\infty}\dfrac{3^n}{\sqrt{n}}x^n$;　　(2) $\sum_{n=1}^{\infty}(-1)^n\dfrac{x^n}{n^n}$;

(3) $\sum_{n=1}^{\infty}n!x^n$;　　(4) $\sum_{n=1}^{\infty}\dfrac{1}{2^n n}(x-1)^n$;

(5) $\sum_{n=1}^{\infty}\dfrac{1}{2^{n-1}}x^{2n+1}$;　　(6) $\sum_{n=1}^{\infty}\dfrac{n^2}{3^n}x^n$.

4. 求下列级数的和函数：

(1) $\sum_{n=1}^{\infty} nx^{n-1}$;

(2) $\sum_{n=1}^{\infty} \frac{1}{2^{n+1}} x^{2n+1}$;

(3) $\sum_{n=1}^{\infty} nx^{2n}$.

5. 求证：$\ln 2 = \sum_{n=1}^{\infty} \frac{1}{n \cdot 2^n}$.

第五节 泰勒公式与泰勒级数

1. 写出 $f(x)=e^{-\frac{x}{2}}$ 的麦克劳林公式.

2. 求 $\ln x$ 在 $x=2$ 处的泰勒公式.

3. 求函数 $f(x)=x^3+3x^2-2x+4$ 的 $x+1$ 的展开式.

4. 利用泰勒公式求极限 $\lim\limits_{x\to\infty}\dfrac{\cos x-e^{-\frac{x^2}{2}}}{x^4}$.

第六节　函数的幂级数展开式

1. 将下列函数展开成 x 的幂级数：
(1) $\cos^2 x$；　　　　　(2) $(1+x)\ln(1+x)$；

(3) $f(x)=\dfrac{1}{2x^2-3x+1}$；　(4) $\dfrac{x}{\sqrt{1+x^2}}$.

2. 将下列函数展开成 $x-x_0$ 的幂级数：
(1) $\dfrac{1}{x}$, $x_0=3$；　　　(2) $f(x)=\dfrac{1}{x^2}$, $x_0=1$.

3. 将函数 $f(x)=\arctan\dfrac{1+x}{1-x}$ 展开为 x 的幂级数.

4. 设 $f(x)=\begin{cases}\dfrac{1+x^2}{2}\arctan x, & x\neq 0,\\ 1, & x=0,\end{cases}$ 试将 $f(x)$ 展开成 x 的幂级数，并求级数 $\displaystyle\sum_{n=1}^{\infty}\dfrac{(-1)^n}{1-4n^2}$ 的和.

5. 计算 $\cos 2°$（误差不超过 0.00001）.

6. 计算 $\displaystyle\int_0^{0.5} \frac{\arctan x}{x}\mathrm{d}x$（误差不超过 0.001）.

7. 求极限 $\displaystyle\lim_{x\to\infty} \frac{\cos x - \mathrm{e}^{-\frac{x^2}{2}}}{x^2[x+\ln(1-x)]}$.

第七章复习题

1. 选择题.

(1) 已知级数 $\sum_{n=1}^{\infty} u_n$ 收敛,S_n 是它的部分和,则它的和是( ).

A. $\lim_{n\to\infty} S_n$ B. S_n C. u_n D. $\lim_{n\to\infty} u_n$

(2) 下列级数中条件收敛的是( ).

A. $\sum_{n=1}^{\infty} \dfrac{(-1)^{n-1}}{\sqrt[3]{n}}$ B. $\sum_{n=1}^{\infty} \dfrac{(-1)^{n-1}}{n^3}$

C. $\sum_{n=1}^{\infty} (-1)^{n-1} \dfrac{n}{n+1}$ D. $\sum_{n=1}^{\infty} (-1)^{n-1} \left(\dfrac{2}{3}\right)^n$

(3) 在下列级数中,条件收敛的是( ).

A. $\sum_{n=1}^{\infty} (-1)^{n-1} \left(\dfrac{1}{2}\right)^n$ B. $\sum_{n=1}^{\infty} (-1)^{n-1} \dfrac{1}{n+1}$

C. $\sum_{n=1}^{\infty} (-1)^{n-1} \dfrac{n}{2n+1}$ D. $\sum_{n=1}^{\infty} (-1)^{n-1} \dfrac{1}{\sqrt{n^3}}$

(4) 若 $\lim_{n\to\infty} u_n = 0$,则级数 $\sum_{n=1}^{\infty} u_n$ ( ).

A. 条件收敛   B. 发散

C. 可能收敛也可能发散   D. 收敛

2. 填空题.

(1) $\sum_{n=0}^{\infty} \left(\dfrac{2}{5}\right)^{n+1} =$ _____.

(2) 幂级数 $\sum_{n=0}^{\infty} \dfrac{x^n}{\sqrt{n+1}}$ 的收敛半径 $R=$ _____,收敛域为 _____.

(3) 正项级数 $\sum_{n=1}^{\infty} u_n$ 收敛的充分必要条件是 _____.

(4) 级数 $\sum_{n=1}^{\infty} (-1)^{n-1} \dfrac{3}{2^n}$ 的和 $s=$ _____.

(5) 幂级数 $\sum_{n=0}^{\infty} \dfrac{x^n}{2^n}$ 的收敛域是 _____.

(6) 幂级数 $\sum_{n=1}^{\infty} \dfrac{(-1)^n x^n}{2^n(n+1)}$ 的收敛半径 $R=$ _____,收敛域为 _____.

3. 解答题.

(1) 判定级数 $\sum_{n=1}^{\infty} (-1)^{n-1} \ln \dfrac{n^2+1}{n^2}$ 的敛散性,若收敛,请指出它是绝对收敛还是条件收敛.

(2) 求幂级数 $\sum_{n=1}^{\infty} \dfrac{x^n}{2^n n}$ 的收敛半径与收敛域.

(3) 级数 $\sum_{n=1}^{\infty} \frac{-1}{\sqrt{2n+1}}$ 是否收敛？如果收敛，是绝对收敛还是条件收敛？

(4) 讨论级数 $\sum \frac{x^n}{4^n n}$ 的敛散性.

(5) 求级数 $\sum_{n=1}^{\infty} \frac{1}{(2n-1)(2n+1)}$.

(6) 求幂级数 $\sum_{n=1}^{\infty} \frac{(-1)^n x^n}{4^n n}$ 的收敛半径和收敛域.

(7)讨论级数 $\sum_{n=1}^{\infty} \dfrac{2^n \cdot n!}{n^n}$ 的敛散性.

4.证明题.

设 $f(x)$ 在点 $x=0$ 的某一邻域内具有二阶连续导数,且 $\lim\limits_{x \to 0} \dfrac{f(x)}{x}=0$,证明级数 $\sum_{n=1}^{\infty} f\left(\dfrac{1}{n}\right)$ 绝对收敛.

第八章 多元函数

第一节 空间解析几何

1. 填空题.

(1) 在空间直角坐标系中,点 $M(x,y,z)$ 关于 x 轴的对称点为_____,关于 xOy 平面的对称点为_____,关于原点的对称点为_____.

(2) 空间两点 $A(2,1,3)$ 和 $B(1,2,3)$ 间的距离为_____.

(3) 平行于向量 $\boldsymbol{\alpha}=(6,7,-6)$ 的单位向量为_____.

(4) 已知 $A(-1,2,-4)$, $B(6,-2,t)$, 且 $|\overrightarrow{AB}|=9$, 则 $t=$_____.

(5) 以点 $(1,3,-2)$ 为球心,且通过坐标原点的球面方程为_____.

(6) 方程 $x^2+y^2+z^2-2x+4y+2z=0$ 表示_____曲面.

2. 选择题.

(1) 在空间直角坐标系中,点 $(-3,1,-5)$ 在( ).

A. 第四卦限 B. 第五卦限 C. 第六卦限 D. 第七卦限

(2) 在空间直角坐标系中,方程 $x=0$ 表示的图形是( ).

A. x 轴 B. 原点 $(0,0,0)$
C. yOz 坐标面 D. xOy 坐标面

(3) 点 (a,b,c) 关于 y 轴对称的点是( ).

A. $(-a,-b,-c)$ B. $(a,-b,-c)$
C. $(a,b,-c)$ D. $(-a,b,-c)$

(4) 方程 $2x^2+y^2=2$ 在空间解析几何中表示的图形为( ).

A. 椭圆 B. 圆 C. 椭圆柱面 D. 圆柱面

(5) 下列哪个曲面不是曲线绕坐标轴旋转而成的?( )

A. $x^2+y^2+z^2=1$ B. $x^2+y^2+z=1$
C. $x^2+y+z=1$ D. $x+y^2+z^2=1$

(6) 双曲线 $\begin{cases} \dfrac{x^2}{4}-\dfrac{z^2}{5}=1 \\ y=0 \end{cases}$,绕 z 轴旋转而成的旋转曲面的方程为( ).

A. $\dfrac{x^2+y^2}{4}-\dfrac{z^2}{5}=1$ B. $\dfrac{x^2}{4}-\dfrac{y^2+z^2}{5}=1$

C. $\dfrac{(x+y)^2}{4}-\dfrac{z^2}{5}=1$ D. $\dfrac{x^2}{4}-\dfrac{(y+z)^2}{5}=1$

(7) 准线为 xOy 平面上以原点为圆心、半径为 2 的圆周,母线平行于 z 轴的圆柱面方程是( ).

A. $x^2+y^2=0$ B. $x^2+y^2=4$
C. $x^2+y^2+4=0$ D. $x^2+y^2+z^2=4$

(8) 球面 $x^2+y^2+z^2=k^2$ 与 $x+z=a$ 的交线在 xOy 平面上的投

影曲线方程是( ).

A. $(a-z)^2+y^2+z^2=k^2$
B. $\begin{cases}(a-z)^2+y^2+z^2=k^2\\z=0\end{cases}$

C. $x^2+y^2+(a-x)^2=k^2$
D. $\begin{cases}x^2+y^2+(a-x)^2=k^2\\z=0\end{cases}$

3. 方程 $z^2=x^2+y^2$ 代表何曲面,与平面 $x=0$,$y=1$ 和 $z=2$ 的交线分别为何?

4. 指出下列方程所表示的几何图形的名称,并画草图:

(1) $\begin{cases}x-5=0,\\z+2=0;\end{cases}$
(2) $3x^2+4y^2=25$;

(3) $x^2+y^2=4z$;
(4) $z^2-x^2=0$.

5. 分别求曲线 $\begin{cases}z=x^2+y^2,\\z=1\end{cases}$ 在 xOy 平面及 yOz 平面上的投影.

6. 画出曲面 $z=\sqrt{1-x^2-y^2}$ 与 $z=x^2+y^2$ 所围的空间图形.

7. 指出下列曲面的名称,并作图:

(1) $x^2+y^2-z^2=1$;   (2) $x^2+y^2=z^2$;

(3) $z=x^2+y^2+1$.

8. 求曲线 $\begin{cases} y^2+z^2-2x=0, \\ z=3 \end{cases}$ 在 xOy 坐标面上的投影曲线的方程,并指出原曲线是什么曲线.

9. 求球面 $x^2+y^2+z^2=9$ 与平面 $x+z=1$ 的交线在 xOy 平面上的投影方程.

第二节 多元函数的概念

1. 选择题.

(1) 设 $z_1 = (\sqrt{x-y})^2$, $z_2 = \sqrt{(x-y)^2}$, $z_3 = x-y$, 则( ).

A. z_1 与 z_2 是相同函数

B. z_1 与 z_3 是相同函数

C. z_2 与 z_3 是相同函数

D. 其中任何两个都不是相同函数

(2) 函数 $f(x,y) = \sin(x^2+y)$ 在点 $(0,0)$ 处( ).

A. 无定义　　　　　　B. 无极限

C. 有极限,但不连续　　D. 连续

(3) 函数 $z = f(x,y)$ 在点 $P_0(x_0, y_0)$ 处间断,则( ).

A. 函数在点 P_0 处一定无定义

B. 函数在点 P_0 处极限一定不存在

C. 函数在点 P_0 处可能有定义,也可能有极限

D. 函数在点 P_0 处一定有定义,且有极限,但极限值不等于该点的函数值

2. 填空题.

(1) 设 $f(x,y) = x^2+y^2$, $g(x,y) = x^2-y^2$, 则 $f[g(x,y), y^2] = $ _____.

(2) 设 $z = x+y+f(x-y)$, 且当 $y=0$ 时, $z = x^2$, 则 $z = $ _____.

(3) 设 $z = \dfrac{\arcsin(x^2+y^2)}{\sqrt{y-\sqrt{x}}}$, 其定义域为 _____.

(4) 若 $f(x+y, \dfrac{y}{x}) = x^2 - y^2$, 则 $f(x,y) = $ _____.

3. 计算下列函数的定义域:

(1) $z = \dfrac{\sqrt{4x-y^2}}{\ln(1-x^2-y^2)}$;

(2) $z = \dfrac{\ln(2x-y)}{\sqrt{xy-1}}$.

第三节 二元函数的极限与连续

1. 填空题.

(1) 设 $f(x,y)=(1+xy)^{\frac{1}{x+y}}$,则 $\lim\limits_{x\to x_0} f(x,y)=$ _____ .

(2) $\lim\limits_{\substack{x\to 0 \\ y\to 0}} \dfrac{e^x \cos y}{1+x+y}=$ _____ .

2. 求下列各式的极限:

(1) $\lim\limits_{(x,y)\to (0,0)} \dfrac{xy}{\sqrt{xy+1}-1}$;

(2) $\lim\limits_{(x,y)\to (+\infty,+\infty)} (x^2+y^2)e^{-(x+y)}$;

(3) $\lim\limits_{(x,y)\to (+\infty,+\infty)} \dfrac{x+y}{x^2-xy+y^2}$;

(4) $\lim\limits_{\substack{x\to 1 \\ y\to 0}} \dfrac{\ln(x+e^y)}{\sqrt{x^2+y^2}}$.

3. 讨论下列函数的连续性:

(1) $f(x,y)=x\sin\dfrac{1}{x^2+y^2}$;

(2) $f(x,y)=xy\ln(x^2+y^2)$.

第四节 偏导数与全微分

1. 选择题.

(1) 函数 $f(x,y)$ 在点 (x_0,y_0) 处的两个偏导数存在是 $f(x,y)$ 在该点连续的( ).

A. 充分条件,但不是必要条件

B. 必要条件,但不是充分条件

C. 充分必要条件

D. 既不是充分条件,也不是必要条件

(2) 设 $f(x,y)=\ln(x+\dfrac{y}{2x})$,则 $\dfrac{\partial f}{\partial y}\bigg|_{(1,0)}=($).

A. 1   B. 1/2   C. 2   D. 0

(3) 设 $f(x,y)=\begin{cases}\dfrac{x^3y}{x^6+y^2},&(x,y)\neq 0,\\0,&(x,y)=0,\end{cases}$ 则 $f(x,y)$ 在点 $(0,0)$ 处( ).

A. 连续,偏导数存在

B. 连续,偏导数不存在

C. 不连续,偏导数存在

D. 不连续,偏导数不存在

(4) 二元函数 $z=f(x,y)$ 在点 (x_0,y_0) 处满足关系( ).

A. 可微⇔可导⇔连续

B. 可微⇒可导⇒连续

C. 可微⇒可导,或可微⇒连续,但可导不一定连续

D. 可导⇒连续,但可导不一定可微

(5) 下列函数中使得 $\mathrm{d}f=\Delta f$ 的是( ).

A. $2x+3y+k$(k 为常数)   B. xy

C. x^2+y^2 D. e^{x+y}

(6) 设 $f(x,y)=|x-y|\varphi(x,y)$,其中 $\varphi(x,y)$ 在点 $(0,0)$ 处连续且 $\varphi(0,0)=0$,则 $f(x,y)$ 在点 $(0,0)$ 处( ).

A. 连续,但偏导数不存在   B. 不连续,但偏导数存在

C. 可微   D. 不可微

2. 求下列函数的偏导数:

(1) $f(x,y)=x+(y-1)\arcsin\sqrt{\dfrac{x}{y}}$;   (2) $u=x^{\frac{y}{z}}$;

(3) $f(x,y)=\sin(xy)+\cos^2(xy)$;   (4) $u=\arctan(x-y)^z$.

3. 求函数 $z=\begin{cases}\dfrac{x^2y}{x^4+y^2}, & x^4+y^2\neq 0,\\ 0, & x^4+y^2=0\end{cases}$ 在点 $(0,0)$ 处的一阶偏导数.

4. 设 $u(x,y)=\begin{cases}xy\dfrac{x^2-y^2}{x^2+y^2}, & x^2+y^2\neq 0,\\ 0, & x^2+y^2=0,\end{cases}$ 求 $u_{xy}(0,0)$ 和 $u_{yx}(0,0)$.

5. 求下列函数在指定点处的二阶偏导数：

(1) 设 $z=\arctan\dfrac{x-y}{1-xy}$，求 $\left.\dfrac{\partial^2 z}{\partial x^2}\right|_{(0,0)}$；

(2) 设 $z=\mathrm{e}^{-x}\sin\dfrac{x}{y}$，求 $\left.\dfrac{\partial^2 z}{\partial x\partial y}\right|_{(2,\frac{1}{\pi})}$.

6. 求下列函数的全微分：

(1) $z=\dfrac{y}{\sqrt{x^2+y^2}}$；   (2) $u=x^{yz}$；

(3) $z = \ln\left(\tan\dfrac{y}{x}\right)$.

7. 求 $z = \begin{cases} \dfrac{x^2 y}{x^4 + y^2}, & x^4 + y^2 \neq 0, \\ 0, & x^4 + y^2 = 0 \end{cases}$ 的全微分,并研究在点 $(0,0)$ 处函数的全微分是否存在.

8. 利用全微分计算 $(1.04)^{2.02}$ 的近似值.

第五节 复合函数的微分法与隐函数的微分法

1. 填空题.

(1) 设 $z=u^2v-uv^2, u=x\cos y, v=x\sin y$，则 $\dfrac{\partial z}{\partial x}=$ _____，$\dfrac{\partial z}{\partial y}=$ _____.

(2) 设 $f(x,y)$ 是可微函数，且 $f(x,2x)=x, f_x(x,2x)=x^2$，则 $f_y(x,2x)=$ _____.

(3) 设 $x+y+z=e^z$，则 $z'_x=$ _____ $z''_{xx}=$ _____.

2. 选择题.

(1) 设 $z=z(x,y)$ 是由方程 $F(x-az, y-bz)=0$ 所定义的隐函数，其中 $F(u,v)$ 是变量 u,v 的任意可微函数，a,b 为常数，则必有 ( ).

A. $b\dfrac{\partial z}{\partial x}+a\dfrac{\partial z}{\partial y}=1$ 　　　B. $a\dfrac{\partial z}{\partial x}+b\dfrac{\partial z}{\partial y}=1$

C. $b\dfrac{\partial z}{\partial x}-a\dfrac{\partial z}{\partial y}=1$ 　　　D. $a\dfrac{\partial z}{\partial x}-b\dfrac{\partial z}{\partial y}=1$

(2) 设有三元方程 $xy-z\ln y+e^{xy}=1$，根据隐函数存在定理，存在点 $(0,1,1)$ 的一个邻域，在此邻域内该方程 ( ).

A. 只能确定一个具有连续偏导数的隐函数 $z=z(x,y)$

B. 可确定两个具有连续偏导数的隐函数 $x=x(y,z)$ 和 $z=z(x,y)$

C. 可确定两个具有连续偏导数的隐函数 $y=y(x,z)$ 和 $z=z(x,y)$

D. 可确定两个具有连续偏导数的隐函数 $x=x(y,z)$ 和 $y=y(x,z)$

3. 求下列复合函数的偏导数：

(1) $z=e^{\ln\sqrt{u^2+v^2}}\arctan\dfrac{u}{v}$，求 $\dfrac{\partial z}{\partial u}, \dfrac{\partial z}{\partial v}$.

(2) $z=f(3u+2v, 4u-2v)$，求 $\dfrac{\partial z}{\partial u}$.

(3) $z=x^2-y^2+t, x=\sin t, y=\cos t$，求 $\dfrac{dz}{dt}$.

(4) $z=\arctan(xy)$, $y=e^x$, 求 $\dfrac{dz}{dx}$.

4. 设 $u=x^2+y^2+z^2$, $x=r\cos\theta\sin\varphi$, $y=r\sin\theta\sin\varphi$, $z=r\cos\varphi$, 求 $\dfrac{\partial u}{\partial r}$, $\dfrac{\partial u}{\partial \theta}$, $\dfrac{\partial u}{\partial \varphi}$.

5. 设函数 $z=z(x,y)$ 由方程组 $\begin{cases} x=e^{u+v}, \\ y=e^{u-v}, \\ z=uv \end{cases}$ 所确定, 求 $\dfrac{\partial z}{\partial x}$, $\dfrac{\partial z}{\partial y}$.

6. 设 $z=xy+xF(u)$, 而 $u=\dfrac{y}{x}$, $F(u)$ 为可导函数, 求证

$$x\dfrac{\partial z}{\partial x}+y\dfrac{\partial z}{\partial y}=z+xy.$$

7. 方程 $xyz = x+y+z$ 确定隐函数 $z = z(x,y)$，求 z_{xx}.

8. 设 $f(x,y,z) = x^3 y^2 z^2$，其中 $z = z(x,y)$ 是由 $x^3 + y^3 + z^3 - 3xyz = 0$ 所确定的隐函数，试求 $f'_x(-1,0,1)$.

9. 设 $z = f(x,y,u)$，其中 f 具有二阶连续偏导数，$u(x,y)$ 由方程 $u^3 - 5xy + 5u = 1$ 所确定，求 $\dfrac{\partial z}{\partial x}, \dfrac{\partial^2 z}{\partial x^2}$.

10. 设 $y = f(x,t)$，且方程 $F(x,y,t) = 0$ 确定了函数 $t = t(x,y)$，求 $\dfrac{dy}{dx}$.

第六节 二元函数的极值

1. 选择题.

(1) 设函数 $z=f(x,y)$ 在点 (x_0,y_0) 处可微,且 $f_x(x_0,y_0)=0$, $f_y(x_0,y_0)=0$,则函数 $f(x,y)$ 在 (x_0,y_0) 处( ).

　A. 必有极值,可能是极大值,也可能是极小值

　B. 可能有极值,也可能无极值

　C. 必有极大值

　D. 必有极小值

(2) 对于函数 $f(x,y)=\sqrt{x^2+y^2}$,原点 $(0,0)$ 是( ).

　A. 驻点且为极值点　　　B. 驻点但非极值点

　C. 非驻点但为极大值点　D. 非驻点但为极小值点

(3) 函数 $u=\sin x\sin y\sin z$ 满足 $x+y+z=\dfrac{\pi}{2}(x>0,y>0,z>0)$ 的条件极值是( ).

　A. 1　　B. 0　　C. 1/6　　D. 1/8

(4) 已知矩形的周长为 $2p$,将它绕其一边旋转形成一个旋转体,当此旋转体的体积为最大时,矩形两边的长分别为( ).

　A. $\dfrac{p}{3},\dfrac{2p}{3}$　B. $\dfrac{p}{2},\dfrac{p}{2}$　C. $\dfrac{p}{4},\dfrac{3p}{4}$　D. $\dfrac{2p}{5},\dfrac{3p}{5}$

2. 求函数 $z=x^3-4x^2+2xy-y^2$ 的极值.

3. 求 $z=2x+y$ 在区域 $D:x^2+\dfrac{y^2}{4}\leqslant 1$ 上的最大值与最小值.

4. 在椭圆 $x^2+4y^2=4$ 上求一点,使其到直线 $2x+3y-6=0$ 的距离最短.

5. 求函数 $z=x^3+3xy^2-15x-12y$ 的极值.

6. 造一容积为 V_0 的无盖长方体水池,问其长、宽、高为何值时有最小的表面积.

7. 已知三角形的周长为 $2p$,求出这样的三角形,使其面积最大.

第七节 二重积分

1. 填空题.

(1) 由二重积分的几何意义,$\iint\limits_{D} d\sigma = $ _____,其中积分区域是由直线 $x+y=1, x-y=1$ 及 y 轴所围成的闭区域.

(2) 由二重积分的几何意义,$\iint\limits_{D} \sqrt{R^2-x^2-y^2} d\sigma = $ _____,其中积分区域由圆周 $x^2+y^2 \leqslant R^2$ 所围成.

(3) 若积分区域 D 关于 x 轴对称,且 $f(x,y)$ 为 y 的奇函数,则 $\iint\limits_{D} f(x,y) d\sigma = $ _____.

(4) 设 $f(x,y)$ 连续,且 $f(0)=1$,则 $\lim\limits_{r \to 0} \dfrac{1}{\pi r^2} \iint\limits_{x^2+y^2 \leqslant r^2} f(x,y) d\sigma = $ _____,$\lim\limits_{r \to 0} \iint\limits_{x^2+y^2 \leqslant r^2} f(x,y) d\sigma = $ _____.

(5) 根据二重积分的性质,比较大小:
$\iint\limits_{x^2+y^2 \leqslant 1} |xy| d\sigma$ _____ $\iint\limits_{|x|+|y| \leqslant 1} |xy| d\sigma$.

(6) 设积分区域 D 由 $y=0, y=x$ 和 $x=1$ 所围成,则 $\iint\limits_{D} f(x,y) d\sigma$ 化为先 y 后 x 的积分为 _____,先 x 后 y 的积分为 _____.

(7) 设积分区域 D 由 $y=x$ 和 $y^2=4x$ 所围成,则 $\iint\limits_{D} f(x,y) d\sigma$ 化为先 y 后 x 的积分为 _____,先 x 后 y 的积分为 _____.

(8) 将累次积分 $\int_{-1}^{0} dx \int_{x+1}^{\sqrt{1-x^2}} f(x,y) dy$ 改换积分次序,应为 _____.

(9) 将累次积分 $\int_{0}^{1} dx \int_{0}^{x} f(x,y) dy + \int_{1}^{2} dx \int_{0}^{2-x} f(x,y) dy$ 改换积分次序,应为 _____.

(10) 将累次积分 $\int_{0}^{1} dx \int_{0}^{x^2} f(x,y) dy$ 化为极坐标形式的累次积分,应为 _____.

2. 选择题.

(1) 设 $I = \iint\limits_{D} \sqrt[3]{x^2+y^2-1} d\sigma$,其中积分区域 D 由不等式 $1 \leqslant x^2+y^2 \leqslant 2$ 所围成,则必有( ).

A. $I<0$ \qquad B. $I=0$
C. $I>0$ \qquad D. $I \neq 0$

(2) 设 D 是第一象限内的一个有界区域,而且 $x<y<1$,记 $I_1 = \iint\limits_{D} xy d\sigma$,$I_2 = \iint\limits_{D} xy^2 d\sigma$,$I_3 = \iint\limits_{D} xy^{\frac{1}{2}} d\sigma$,则 I_1, I_2, I_3 的大小顺序为( ).

A. $I_1<I_2<I_3$ \qquad B. $I_2<I_1<I_3$
C. $I_3<I_1<I_2$ \qquad D. $I_3<I_2<I_1$

3. 根据二重积分的性质，估计下列二重积分的值.

(1) $I = \iint\limits_{D} \dfrac{1}{100 + \cos^2 x + \cos^2 y} d\sigma$，其中 D 由 $|x| + |y| \leqslant 10$ 所围成.

(2) $I = \iint\limits_{D} \dfrac{d\sigma}{\sqrt{x^2 + y^2 + 2xy + 16}}$，其中 D 为 $0 \leqslant x \leqslant 1, 0 \leqslant y \leqslant 2$.

4. 计算下列二重积分.

(1) $\iint\limits_{D} x(y^2 + y) d\sigma$，其中 D 为 $0 \leqslant x \leqslant 1, 0 \leqslant y \leqslant 2$.

(2) $\iint\limits_{D} xy\, d\sigma$，其中 D 由 $y^2 = x$ 及 $y = x - 2$ 围成.

(3) $\iint\limits_{D} \dfrac{\sin x}{x} d\sigma$，其中 D 由 $y = x, y = 0, x = \pi$ 围成.

(4) $\iint\limits_{D} (|x| + |y|) d\sigma$，其中区域 $D: x^2 + y^2 \leqslant 1$.

5. 利用极坐标计算下列二重积分.

(1) $\iint_D \sqrt{R^2-x^2-y^2}\,d\sigma$，其中 D 为圆周 $x^2+y^2=Rx$ 所围成的闭区域.

(2) $\iint_D (x^2+y^2)\,d\sigma$，其中 D 由 $y=-1, y=1, x=-2$ 及 $x=-\sqrt{1-y^2}$ 围成.

(3) $\iint_D \sin\sqrt{x^2+y^2}\,d\sigma$，其中 $D: \pi^2 \leqslant x^2+y^2 \leqslant 4\pi^2$.

第八章复习题

1. 填空题.

(1) 设 D 是由 $y=0, y=x$ 及 $x=1$ 所围成的平面区域,$f(x)$ 是连续函数,将二重积分 $\iint\limits_{D} yf(x)\mathrm{d}x\mathrm{d}y$ 改写成定积分为_____.

(2) 交换积分次序:$\int_{1}^{2}\mathrm{d}y\int_{1}^{y}f(x,y)\mathrm{d}x+\int_{2}^{4}\mathrm{d}y\int_{\frac{y}{2}}^{2}f(x,y)\mathrm{d}x=$ _____.

(3) 设 $f(x,y)$ 连续,且 $f(x,y)=\sin\sqrt{xy}+\iint\limits_{D}f(u,v)\mathrm{d}u\mathrm{d}v$,其中 D 是由 $y=0, y=x^2, x=1$ 所围区域,则 $f(x,y)=$ _____.

(4) 积分 $\int_{0}^{2}\mathrm{d}x\int_{x}^{2}\mathrm{e}^{-y^2}\mathrm{d}y=$ _____.

(5) 将二次积分 $\int_{0}^{2}\mathrm{d}x\int_{0}^{\sqrt{2x-x^2}}f(\sqrt{x^2+y^2})\mathrm{d}x$ 化为极坐标系下的二次积分为_____.

2. 选择题.

(1) 设 $I_1=\iint\limits_{D}\dfrac{x+y}{4}\mathrm{d}x\mathrm{d}y$,$I_2=\iint\limits_{D}\sqrt{\dfrac{x+y}{4}}\mathrm{d}x\mathrm{d}y$,$I_3=\iint\limits_{D}\sqrt[3]{\dfrac{x+y}{4}}\mathrm{d}x\mathrm{d}y$,其中:$D=\{(x,y)\mid(x-1)^2+(y-1)^2\leqslant 2\}$,则 ( ).

A. $I_1<I_2<I_3$ B. $I_2<I_3<I_1$ C. $I_1<I_3<I_2$ D. $I_3<I_2<I_1$

(2) 设 D 是由直线 $y=x, y=2, y=2x$ 所围成的闭区域,则把二重积分 $\iint\limits_{D}f(x,y)\mathrm{d}x\mathrm{d}y$ 化为二次积分,正确的是( ).

A. $\int_{0}^{1}\mathrm{d}x\int_{x}^{2x}f(x,y)\mathrm{d}y$ B. $\int_{1}^{2}\mathrm{d}x\int_{x}^{2x}f(x,y)\mathrm{d}y$

C. $\int_{0}^{2}\mathrm{d}y\int_{\frac{y}{2}}^{y}f(x,y)\mathrm{d}x$ D. $\int_{0}^{2}\mathrm{d}y\int_{2x}^{x}f(x,y)\mathrm{d}x$

(3) 极坐标系下的二次积分 $\int_{-\frac{\pi}{2}}^{\frac{\pi}{2}}\mathrm{d}\theta\int_{0}^{\cos\theta}f(r\cos\theta,r\sin\theta)r\mathrm{d}r$ 在直角坐标系下可写成( ).

A. $2\int_{0}^{1}\mathrm{d}x\int_{0}^{\sqrt{1-x^2}}f(x,y)\mathrm{d}y$ B. $2\int_{0}^{1}\mathrm{d}x\int_{0}^{\sqrt{x-x^2}}f(x,y)\mathrm{d}y$

C. $\int_{0}^{1}\mathrm{d}x\int_{-\sqrt{x-x^2}}^{\sqrt{x-x^2}}f(x,y)\mathrm{d}y$ D. $4\int_{0}^{1}\mathrm{d}x\int_{0}^{\sqrt{1-x^2}}f(x,y)\mathrm{d}y$

3. 设 $f(x)$ 为连续函数,$F(t)=\int_{1}^{t}\mathrm{d}y\int_{y}^{t}f(x)\mathrm{d}x$,求 $F'(2)$.

4. 计算下列二重积分.

(1) $I = \iint_D e^{x^2+y^2} d\sigma$,其中 D 是由圆周 $x^2+y^2=1$ 及坐标轴所围成的在第一象限内的闭区域.

(2) $I = \iint_D \ln(1+x^2+y^2) d\sigma$,其中 D 是由圆周 $x^2+y^2=1$ 及坐标轴所围成的在第一象限内的闭区域.

5. 求极限 $\lim\limits_{\substack{x \to 0 \\ y \to 0}} \dfrac{x^2 y^2}{x^2+y^2}$.

6. 证明极限 $\lim\limits_{\substack{x \to 0 \\ y \to 0}} \dfrac{xy^2}{x^2+y^4}$ 不存在.

7. 设 $f(x,y)=\begin{cases}\dfrac{\sin xy}{y(1+x^2)}, & y\neq 0,\\ 0, & y=0,\end{cases}$ 证明 $f(x,y)$ 在 $(0,0)$ 处连续.

8. 设 $u=\dfrac{xyz}{\sqrt{x^2+y^2+z^2}}(x^2+y^2+z^2>0)$,求 $\dfrac{\partial u}{\partial x},\dfrac{\partial u}{\partial y},\dfrac{\partial u}{\partial z}$.

9. 求函数 $u=\sin(x\cos y)$ 的全微分.

10. 设 $z=u^2\ln v, u=\dfrac{y}{x}, v=3x-2y$,求 $\dfrac{\partial z}{\partial x},\dfrac{\partial z}{\partial y}$.

第九章 微分方程

第一节 微分方程的一般概念

1. 说出下列微分方程的阶数：
(1) $x^2(y')^2+2xy'-y=0$；

(2) $(7x+3y)dx+(2x-y)dy=0$；

(3) $xy'''+2xy'+3=0$；

(4) $\sqrt{y''}+3xy'+2y=0$.

2. 下列各题的函数是否为所给微分方程的解？
(1) $y''+y=0, y=3\sin x-4\cos x$；
(2) $(x-2y)y'=2x-y, x^2-xy+y^2=c$；
(3) $(xy-x)y''+(y')^2+yy'-2y'=0, y=\ln(xy)$.

3. 写出下列曲线所满足的微分方程：
(1) 曲线在点 $P(x,y)$ 处的切线的斜率等于该点横坐标的平方.
(2) 曲线上 $P(x,y)$ 点处的法线与 x 轴的交点为 Q，且线段 PQ 被 y 轴平分.

第二节 一阶微分方程

1. 求下列微分方程的通解：
(1) $y' - xy' = 2(y^2 + y')$；

(2) $(e^{x+y} - e^x)dx + (e^{x+y} + e^y)dy = 0$.

2. 求下列微分方程满足所给初始条件下的特解：
(1) $\cos x \sin y \, dy = \cos y \sin x \, dx, y|_{x=0} = \dfrac{\pi}{4}$；

(2) $x\,dy + 2y\,dx = 0, y|_{x=1} = 1$.

3. 有一盛满水的圆锥形漏斗，高为 10 cm，顶角为 60°，漏斗下面有面积为 0.5 m² 的孔，求水面高度变化的规律.

4. 一曲线通过点 (2,3)，它的两坐标轴间的任一切线线段均被切点平分，求该曲线的方程.

5. 求下列齐次方程的通解：

(1) $xy' - y - \sqrt{y^2 - x^2} = 0$；

(2) $(x^2 + y^2)dx - xy\,dy = 0$.

6. 求下列齐次方程满足所给初始条件的特解：

(1) $y' = \dfrac{x}{y} + \dfrac{y}{x}, y|_{x=1} = 2$；

(2) $(x^2 + 2xy - y^2)dx + (y^2 + 2xy - x^2)dy = 0, y|_{x=1} = 1$.

7. 求下列微分方程的通解：

(1) $y' + y\ln x = \sin 2x$；

(2) $y\ln y\,dx + (x - \ln y)dy = 0$；

(3) $(y^2 - 6x)\dfrac{dy}{dx} + 2y = 0$.

8. 求下列微分方程满足所给初始条件的特解：

(1) $\dfrac{dy}{dx} + \dfrac{y}{x} = \dfrac{\sin x}{x}, y|_{x=\pi} = 1$；

(2) $\dfrac{dy}{dx} + 3y = 8, y|_{x=0} = 2$.

9. 求一曲线的方程，它通过原点，并且它在点(x, y)处的切线斜率等于$2x + y$.

10. 求解微分方程：
$$\begin{cases} (x - \sin y)dy + \tan y \, dx = 0 \\ y|_{x=0} = \dfrac{\pi}{6} \end{cases}$$

第三节 几种二阶微分方程

1.求下列各微分方程的通解:
(1) $y''=y'+x$;   (2) $y''=(y')^3+y'$.

2.求下列各微分方程满足初始条件的特解:
(1) $y^3 y''+1=0, y|_{x=1}=1, y'|_{x=1}=0$;

(2) $y''-(y')^2=0, y|_{x=0}=0, y'|_{x=0}=-1$.

3.试求 $y''=x$ 经过点 $M(0,1)$ 且在该点与直线 $y=\dfrac{x}{2}+1$ 相切的积分曲线.

4.求 $(1+x^2)y''-2xy'=0$ 的通解.

第四节 二阶常系数线性微分方程

1. 验证 $y_1=\cos x$ 及 $y_2=\sin x$ 都是方程 $y''+y=0$ 的解,并求出该方程的通解.

2. 验证 $y=c_1\cos 3x+c_2\sin 3x+\dfrac{1}{32}(4x\cos x+\sin x)$ (c_1,c_2 为任意常数)是方程 $y''+9y=x\cos x$ 的通解.

3. 求下列微分方程的通解:
(1) $y''+y'-2y=0$;
(2) $y''-4y'+5y=0$;
(3) $4y''-20y'+25y=0$.

4. 求下列微分方程满足所给初始条件的特解:
(1) $y''-3y'-4y=0$, $y|_{x=0}=0$, $y'|_{x=0}=5$;

(2) $y''+25y=0, y|_{x=0}=2, y'|_{x=0}=-5.$

6. 解方程 $y''-4y'+4y=2(\sin 2x+x).$

5. 解方程 $y''-6y'+5y=-3e^x+x.$

第五节 差分方程的一般概念

1. 求下列函数的一阶差分与二阶差分：
   (1) $y_n = n^2$； (2) $y_n = na^n$；

   (3) $y_n = \ln n$； (4) $y_n = \sin\omega n$.

2. 求下列一阶常系数差分方程的通解：
   (1) $4y_{n+1} + 16y_n = 20$； (2) $2y_{n+1} + 10y_n - 5n = 0$；

   (3) $y_{n+1} - y_n = n$； (4) $y_{n+1} - y_n = n2^n$.

3. 求 $y_{n+1} - y_n = 2^n - 1$ 在 $y_0 = 3$ 处的特解.

第九章复习题

1. 填空题.

(1) 微分方程 $y'x = y$ 的通解是 _____.

(2) 微分方程 $y' - y = e^x$ 的通解是 _____.

(3) 微分方程 $yy'' + (y')^2 = \ln x$ 的通解是 _____.

(4) 设微分方程 $y'' + p(x)y' + q(x)y = f(x)$ 有 3 个线性无关解 y_1, y_2, y_3,则该微分方程的通解是 _____.

2. 求下列一阶微分方程的通解:

(1) $\dfrac{dy}{dx} = (x-y)^2 + 1$;

(2) $(2x + 3y + 4)dx - (4x + 6y + 5)dy = 0$;

(3) $(x^2 y^2 + 1)dx + 2x^2 dy = 0$;

(4) $\dfrac{dy}{dx} = \dfrac{4\sin^2 y}{x^5 + x\tan y}$;

(5) $y\ln y\, dx + (x - \ln y)dy = 0$;

(6) $(y+2xy^2)dx+(x-2x^2y)dy=0.$

(3) $y''-4y'+4y=8x^2+e^{2x}+\sin2x$;

3. 求下列二阶微分方程的通解或特解：

(1) $yy''-(y')^2=y^2y'$;

(4) $y''+2y'-3y=6\sin2x$;

(5) $y''-y'=x\sin^2x$;

(2) $y''=e^{2y}, y|_{x=0}=0, y'|_{x=0}=0$;

(6) $y'' + y' + e^{-2x}y = e^{-3x}$.

4. 设二阶线性常微分方程 $y'' + py' + qy = re^x$ 的一个特解为 $y = e^{2x} + (1+x)e^x$，试求 p, q, r，并求出该方程的通解.

5. 设 $f(x) = \sin x - \int_0^x (x-t)f(t)dt$，其中 $f(x)$ 为连续函数，求 $f(x)$.

6. 设 $y = y(x)$ 满足方程 $\int_0^x [2y(t) + (1+t^2)y''(t)]dt = \ln(1+x) + (1+x)$，且 $y'(0) = 0$，求 $y(x)$.

7. 应用题.

(1) 在 xOy 平面的第一象限求一曲线，使其上任一点 $P(x,y)$ 处的切线、x 轴与线段 OP 所围成三角形的面积为常数 k，且曲线经过点 $(1,1)$.

(2) 一圆柱形桶内有 40 L 盐溶液,盐的浓度为 1 kg/L,现用浓度为 1.5 kg/L 的盐溶液以每分钟 4 L 的速度注入桶内,均匀后的混合物以 4 L/min 的速度流出,问在任意时刻桶内的含盐量是多少?

(4) 一子弹以速度 v_0 打进一块厚为 h 的木块,然后穿透它,以速度 $v_1(v_1 < v_0)$ 离开该木板,假设木板对子弹的阻力与子弹运动速度的平方成正比,问一子弹穿过该木板需要多少时间?

(3) 一根链条挂在一个无摩擦的钉子上,假定运动开始时链条一边垂下 8 m,另一边垂下 10 m,问:链条滑离钉子需多少时间?